Veit Trübenbach

# Vegetationsklassifikation mittels hochaufgelöster Satellitendaten im Permafrostgebiet von Jakutsk

GRIN Verlag

**Bibliografische Information der Deutschen Nationalbibliothek:**

Die Deutsche Bibliothek verzeichnet diese Publikation in der Deutschen Nationalbibliografie; detaillierte bibliografische Daten sind im Internet über http://dnb.d-nb.de/ abrufbar.



**Impressum:**


Druck und Bindung: Books on Demand GmbH, Norderstedt Germany
ISBN: 978-3-656-26942-7

**Dieses Buch bei GRIN:**

http://www.grin.com/de/e-book/200572/vegetationsklassifikation-mittels-hochaufgeloester-satellitendaten-im-permafrostgebiet

Friedrich-Schiller-Universität Jena
Institut für Geographie

SoSe 2009

**Bachelorarbeit**

# Vegetationsklassifikation mittels hochaufgelöster Satellitendaten im Permafrostgebiet von Jakutsk

vorgelegt von:

Veit Trübenbach
Studiengang: Geographie (B.Sc.)
3. Studienjahr

**Abgabedatum: 28.09.2009**

# Inhalt

# Abbildungsverzeichnis

# Tabellenverzeichnis

# Abkürzungen

| | |
|---|---|
| ALOS | *Advanced Land Observing Satellite* |
| AVNIR-2 | *Advanced Visible and Near Infrared Radiometer type 2* |
| DEM | *Digital Elevation Model* |
| DUE | *Data User Element* |
| EOEP | *Earth Observation Envelope Programme* |
| ESA | *European Space Agency* |
| FAO | *Food and Agriculture Organization of the United Nations* |
| GCP | *Ground Control Points* |
| GLCM | *Grey Level Co-occurrence Matrix* |
| KIA | *Overall Kappa index of agreement* |
| LCCS | *Land Cover Classification System* |
| NDVI | *Normalized Difference Vegetation Index* |
| NNO | Nordnordost |
| PALSAR | *Phased Array type L-band Synthetic Aperture Radar* |
| PRISM | *Panchromatic Remote-Sensing Instrument for Stereo Mapping* |
| RMS | *Root Mean Square Error* |
| SIBERIA | *SAR Imaging for Boreal Ecology and Radar Interferometry Applications* |
| SSW | Südsüdwest |
| UTM | *Universal Transverse Mercator* |
| WGS 84 | *World Geodetic System 1984* |

# Danksagung

Die vorliegende Arbeit entstand im Fachbereich der Fernerkundung an der Friedrich-Schiller-Universität Jena. Den Rahmen für diese Arbeit bot das *DUE Permafrost Project* der ESA.

# 1 Einleitung

Sibirien - „allein der Name wurde zum Begriff für unfassbare Weite, grenzenlose Wildnis, riesige Wälder und für klirrende Kälte“ (RÜTZ 1994:2). Dieses ausgedehnte Gebiet, dessen Eingrenzung nicht immer eindeutig definiert ist (WEIN 1999:15f), ist schon seit Anfang des 18. Jahrhunderts (WEIN 1999:13) Ziel zahlreicher wissenschaftlicher Untersuchungen der verschiedensten Fachbereiche. Ein vor allem aktuell stark untersuchtes Charakteristikum der „vielfältige[n] Natur“ (WEIN 1999:18) Sibiriens stellt der Permafrostboden dar, der rund 80 % (WEIN 1999:24) der Fläche dieses riesigen Landes einnimmt. Das Territorium der im Nordosten Sibiriens gelegenen Republik Sacha (Jakutien), in der auch das später genauer vorgestellte Untersuchungsgebiet der vorliegenden Arbeit liegt, ist somit zu 100 % (MAKAROV & VENZKE 2000:21) von Dauerfrostboden unterlagert. Aufgrund seiner Funktion als Senke riesiger Mengen klimawirksamer Gase (KIRSCHKE et. al. 2008:947; UBA 2006:5f.) rücken der Permafrostboden und die Folgen seiner Degradation in den Fokus gegenwärtiger Diskussionen um Klimawandel und globale Erwärmung.

Ein Projekt, das sich unter anderem damit befasst, wie Methoden der Fernerkundung zur Beobachtung und Modellierung der Permafrost-Veränderungen unterstützend eingesetzt und verbessert werden können, ist das DUE (*Data User Element*) *Permafrost Project* der ESA (*European Space Agency*). Im Rahmen dieses Programmes entstand die vorliegende Arbeit, die untersucht, wie Vegetation und Vegetationsmuster im sibirischen Permafrostgebiet mithilfe hochaufgelöster Satellitendaten erkannt und klassifiziert werden können. Dieses Ziel soll mittels einer objektorientierten Lösungsmethode erreicht werden.

Die Arbeit gliedert sich in insgesamt sieben Kapitel. Zu Beginn werden wesentliche Informationen zum Hintergrund und zu den Zielen der Arbeit gegeben. Im Anschluss daran sollen das Untersuchungsgebiet vorgestellt, Grundlagen zum Verständnis des Systems Permafrostes aufgearbeitet sowie Daten und Methodik der Arbeit aufgezeigt und elaboriert werden. Daraufhin werden die erzielten Ergebnisse beschrieben und diskutiert. Mit einer nachfolgenden Zusammenfassung schließt die Arbeit ab.

# 2 Hintergrund und Ziele der Arbeit

In diesem Kapitel werden zunächst Konzept und Ziele des DUE Permafrost Projektes ausführlicher vorgestellt. Um zu zeigen, wie sich die vorliegende Arbeit im Kontext der wissenschaftlichen Untersuchungen des Permafrostes, seiner Degradation und deren Folgen einordnet, wird nachfolgend der Stand der Forschung aufgezeigt. Mit der Darstellung der Zielsetzung der Arbeit schließt Kapitel 2 ab.

## 2.1 Das Projekt DUE Permafrost

Das DUE als programmatisches Glied des EOEP (*Earth Observation Envelope Programme*) ist ein Projekt der ESA und verfolgt das Ziel, längerfristig den Kontakt und die Beziehungen zwischen Nutzergemeinschaften und Fernerkundung zu stärken. Es wird auf europäischer Ebene mit internationaler Ausrichtung durchgeführt (ESA 2009a:o.S.). Als Teil des DUE wurde das DUE Permafrost Projekt gegründet, dessen übergeordnetes Ziel es ist, ein durch Fernerkundung gestütztes System zum globalen Permafrost-*Monitoring* zu entwickeln und anzubieten (IPF 2009a:o.S.). So sollen Verfahren der Fernerkundung in Synergie mit aktuellen *in situ* - Methoden entwickelt und bereitgestellt, Szenarien der Permafrost- und Klimaentwicklung erstellt und neue wissenschaftliche Erkenntnisse und Fähigkeiten zur Klimawandel-Detektion und -Modellierung erlangt werden. Im Vordergrund stehen hierbei stets die Bedürfnisse der Nutzer (IPF 2009b:o.S.). Aus diesem Grund und weil das System Permafrost eine solche Komplexität aufweist, ist die Kooperation der Fernerkundungsexperten mit Permafrost-Wissenschaftlern unabdingbar. Diese entstammen verschiedenen naturwissenschaftlichen Bereichen wie „*climatology, geomorphology, botany and hydrology*" (BARTSCH et al. 2009:3).

Die Arbeitsgemeinschaft des insgesamt von Juni 2009 bis November 2011 (IPF 2009b:o.S.) dauernden DUE Permafrost Projektes steht unter der Leitung des Institutes für Photogrammetrie und Fernerkundung der Technischen Universität Wien. Die weiteren Partner sind die GAMMA *Remote Sensing and Consulting* AG, die *University of Waterloo*, die Friedrich-Schiller-Universität Jena und das Alfred-Wegener-Institut für Polar- und Meeresforschung (IPF 2009b:o.S.). Nutzer sind hauptsächlich geowissenschaftliche Institute verschiedener internationaler Universitäten (IPF 2009c:o.S.).

## 2.2 Stand der Forschung

Wie einleitend erwähnt, nimmt das System Permafrost vor dem Hintergrund des *global climate change* als Forschungsziel stetig an Bedeutung zu. Ging es in früheren Arbeiten eher um die Naturzerstörung im Permafrostgebiet, ausgelöst zum Beispiel durch starke, von der Industrie hervorgerufene Luft- oder Wasserverschmutzung (GERLOFF 1994:76f.; TUTUBALINA & REES 2001:191), ist aktuell der Dauerfrostboden selbst, seine Veränderung und Interaktion mit der Umwelt, Kern der Forschung. Zahlreiche Wissenschaftler beschäftigen sich unter anderem mit Gründen, Form und Ausmaß der Degradation und ihren Folgen für Mensch und Natur (BOIKE et al. 2007b; KIRSCHKE et al. 2008; MAKAROV & VENZKE 2000; NELSON 2003; SMITH et al. 2005). Im Vordergrund steht hierbei vor allem, dass im Permafrostboden enorme Mengen an Treibhausgasen gelagert sind, die infolge des Auftauprozesses emittieren könnten und ihre atmosphärische Konzentration stark erhöhen würden. Die Konsequenz daraus wären positive Rückkopplungsprozesse, die die globale Erwärmung noch stärker vorantreiben könnten (UBA 2006:5f.). Nach aktuellen Angaben sind im gesamten Gebiet des Permafrostes etwa 900 Gigatonnen (KIRSCHKE et al. 2008:947) Kohlenstoff gelagert. Die Menge des dort gespeicherten, 23mal klimawirksameren Gases Methan (IPCC 2001:388) ist derzeit noch immer nur ungenau quantifiziert und Permafrost als Quelle dieses Gases bisher kaum berücksichtigt worden (ANISIMOV & NELSON 1997:242; KIRSCHKE et al. 2008:947; SCHNEIDER et al. 2009:380).

Wohingegen Veränderungen durch externe Faktoren wie Waldbrände eher lokal begrenzt sind, hat der Klimawandel teils negative Folgen für viel größere Gebiete (STOW et al. 2004:282). Aufgrund der in Kapitel 4.3 näher beschriebenen Wechselwirkung und des engen Zusammenhangs zwischen Vegetation und Permafrostboden (SUGIMOTO et al. 2002:493; MAKAROV & VENZKE 2000:25) bringt dessen Auftauen so auch Veränderungen der Vegetation, ihrem Zustand und ihrer Struktur mit sich, abgesehen von weiteren Dingen wie zum Beispiel verstärktes Auftreten von Thermokarst und damit verbundener Änderung der Seendichte (STOW et al. 2004:281). Diese sichtbaren und mithilfe von Fernerkundung ermittelbaren oberflächlichen Veränderungen können im Gegenzug wiederum als Indikatoren für Stärke und Art der Veränderung des Bodens selbst dienen (BARTSCH et al. 2009:3). Speziell im Hinblick auf die Erfassung von Vegetation bietet nach SCHMULLIUS & WAGNER (2000:44) die „Fernerkundung [...] die einzige Herangehensweise an die Waldkartierung großer unzugänglicher Gebiete". Hierbei stehen zwei Möglichkeiten zur Verfügung. Zum einen die Verwendung von Sensoren mit hoher zeitlicher, räumlich jedoch begrenzter Auflösung, zum anderen der Gebrauch räumlich hoch-, zeitlich aber schlechter aufgelöster Sensoren (KASISCHKE et al. 2004:149). Anwendung finden hierbei optische Methoden ebenso wie Verfahren der Radarfernerkundung. In Gebieten mit häufiger Wolkenbedeckung bringt der Einsatz der Letztgenannten jedoch klare Vorteile. Grund hierfür ist die Fähigkeit der Radarwellen, Wolken zu durchdringen (SCHMULLIUS & WAGNER 2000:44). Um jedoch die Vorteile beider Verfahren im Vegetations-*Mapping* nutzen zu können, werden optische und Radar-Daten gegenwärtig immer mehr auch synergetisch genutzt (ELSAKOV & SHANOV 2007:1).

Zur Beobachtung und Klassifizierung der ausgedehnten borealen Waldgebiete trugen vor allem auch Ergebnisse der EU-finanzierten Projekte SIBERIA (*SAR Imaging for Boreal Ecology and Radar Interferometry Applications*) und SIBERIA-II bei, denen unterschiedliche Radar- und optische Daten in Verbindung mit Geländedaten zugrunde lagen (HESE & SCHMULLIUS 2005; KNORR & SCHMULLIUS 2006; SCHMULLIUS & WAGNER 2000).

## 2.3 Ziele der Arbeit

Zweck des Projektes „*High Resolution Water Body and Vegetation Mapping for Permafrost Degradation Modelling*" als Teil des DUE Permafrost Projektes ist neben dem Kartieren der Veränderung von Thermokarst-Seen die Erstellung einer Vegetationskarte mittels räumlich hochaufgelöster Satellitendaten. Es ist das übergeordnete Ziel der vorliegenden Arbeit, zu dieser Vegetationskartierung und -Klassifizierung beizutragen, was anhand eines Ausschnittes der bereitgestellten, optischen Satellitendaten umgesetzt wird. Die hierbei betrachtete Region bei Jakutsk ist eines von vier von Permafrost unterlagerten, panarktischen

Untersuchungsgebieten des genannten Teilprojektes. Ursprünglich sollte die Kartierung auf Grundlage von RapidEye-Satellitenbildern durchgeführt werden, welche jedoch aufgrund erheblicher Wolkenbedeckung im Zielgebiet keine Verwendung finden konnten. Alleinige Datengrundlage sind aus diesem Grund AVNIR- und PRISM-Daten des japanischen Erdbeobachtungs-Satelliten ALOS und visuelle Vergleiche mit einer dasselbe Gebiet abdeckenden Szene der *open source* – Software *Google Earth.* Eine *Change Detection* der Vegetation kann nicht durchgeführt werden, da keine multitemporalen Daten zur Bearbeitung zur Verfügung stehen.

Die Klassifikation des Untersuchungsgebietes geschieht mittels eines objektbasierten Ansatzes. Diese erst „in jüngerer Zeit" (ALBERTZ 2007:161) entwickelte Methode bringt Vorteile vor allem in der Verarbeitung und Auswertung räumlich hochauflösender Daten (YU et al. 2006:799). Objektorientierte Bildverarbeitung gliedert sich im Wesentlichen in zwei Arbeitsschritte - die Segmentierung des gesamten Bildes und die nachfolgende Klassifizierung der im ersten Schritt erhaltenen Bildobjekte. Damit sowohl in der Segmentierung als auch in der Klassifizierung optimale Ergebnisse erzielt werden können, ist die bestmögliche Kalibrierung der in den Prozessen verwendeten Parameter erforderlich und ein wesentlicher Bestandteil des objektorientierten Verfahrens. Dies wird für das gewählte Untersuchungsgebiet umfassend dokumentiert und veranschaulicht, um den Weg zum Endergebnis, das erstellte Regelwerk zur Klassifikation, nachvollziehbar darzustellen. Da keine großmaßstäbige Vegetationskarte der Region zur Verfügung steht, wird nicht nach Vegetationsarten differenziert, sondern nach einer idealen Trennung verschieden bewachsener und unbewachsener Flächen und unterschiedlich dichter Waldbestände gesucht. Die Unterteilung der Waldklasse in die verschiedenen Dichtegrade erfolgt dabei nach dem LCCS (*Land Cover Classification System*) der FAO (*Food and Agriculture Organization of the United Nations*). Um die Notwendigkeit der Untersuchungen und die angewandte Methode verständlich zu machen, soll außerdem ein umfassender theoretischer Überblick über das System Permafrost und das objektbasierte Klassifizierungsverfahren gegeben werden.

# 3 Untersuchungsgebiet

Wie einleitend formuliert, liegt das untersuchte Gebiet im Nordosten Sibiriens / Russland. Ähnlich dem von WERLEN (2006:o.S.) beschriebenen Problem mit der Einordnung Europas trägt auch Sibirien aufgrund unterschiedlicher geographischer, politischer oder administrativer Demarkationen uneinheitliche und immer wieder veränderte Definitionen (WEIN 1999:15). Legt man jedoch das sogenannte Rayonkonzept und dessen weithin akzeptierte Grenzfestlegung zugrunde, „nimmt Sibirien 56,5 % der Fläche Rußlands ein“ (WEIN 1999:17). Die mit einem Areal von ca. 3.1 Mio. km² (MAKAROV & VENZKE 2000:21) und einer Nord-Süd- und Ost-West-Ausdehnung von jeweils mehr als 2000 km (MIRKIN et al. 1988:113) flächenmäßig größte Einheit Sibiriens ist die Republik Sacha, im folgenden Jakutien genannt. Aufgrund der nördlichen Lage – Jakutien erstreckt sich, wie in Abbildung 1 zu erkennen, von ca. 58 bis 80° nördlicher Breite (GROßE 2006:o.S.) – herrschen dort teils extreme klimatische Bedingungen. Das stark kontinentale Klima drückt sich in jährlichen Temperaturunterschieden von ca. 100 K (WEIN 1999:215) zwischen Sommer und Winter und niedrigen Jahresniederschlägen aus (MAKAROV & VENZKE 2000:21). Morphologisch gliedert sich das an Bodenschätzen reiche Jakutien in das ebene Jakutische Becken in West-, Süd- und Zentraljakutien und das von kompliziertem und eng gekammertem Relief geprägte Nordostjakutien (WEIN 1999:214).

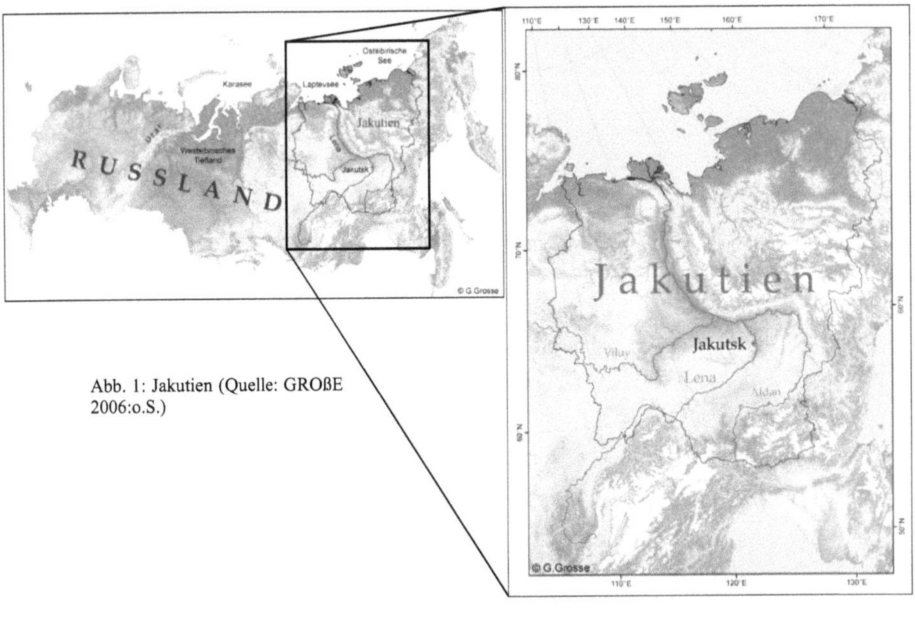


Abb. 1: Jakutien (Quelle: GROßE 2006:o.S.)

Die 1632 gegründete (MAKAROV & VENZKE 2000:22), am westlichen Ufer der Lena gelegene Stadt Jakutsk mit ihren ca. 240.000 Einwohnern (WEIN 1999:216) ist „administratives, politisches und ökonomisches Zentrum der Region" (MARKAROV & VENZKE 2000:22). Sie liegt bei etwa 62° nördlicher Breite und 129° 40' östlicher Länge, nimmt rund 135 km² Fläche ein und ist damit „eine der größten Städte weltweit, die auf kontinuierlichem Permafrost gebaut" (MARKAROV & VENZKE 2000:22) worden sind. Nordwestlich der Stadt liegt das für die Vegetationskartierung gewählte Gebiet, das in Abbildung 2 als *Layerstack* der PRISM- und AVNIR-Daten dargestellt ist.

Abb. 2: Untersuchunsgebiet als *Layerstack* aus PRISM- und AVNIR-Kanälen

# 4 Theoretische Grundlagen

Im folgenden Kapitel soll ein theoretischer Überblick über das System Permafrost vermittelt werden. Zu Beginn des Kapitels wird Permafrost allgemein beschrieben sowie auf die Gründe, Folgen und Bedeutung seiner Veränderung eingegangen. Hiernach wird die Physiognomie der Vegetation im Gebiet Jakutsk dargestellt. Abschließend sollen die Interaktion zwischen dem Permafrost und der zuvor charakterisierten Vegetation herausgearbeitet und das Vermögen der Fernerkundung in der Vegetationskartierung aufgezeigt werden.

## 4.1 Permafrost und Permafrostdegradation

Als Permafrost wird sämtlicher Untergrund bezeichnet, der - „mit Ausnahme der geringmächtigen sommerlichen Auftauzone“ (HRABOWSKI 1990:80) – mehr als zwei Jahre durchgängig Temperaturen von oder unter 0° Celsius aufweist und somit gefroren bleibt (NELSON 2003:1673). Weltweit werden über 20 % (BROWN 1998:o.S.) und somit fast ein Viertel der Landmasse der Erde von Permafrost unterlagert, wobei in Zonen kontinuierlichen und diskontinuierlichen Permafrostes unterschieden wird. Der Flächenanteil an gefrorenem Bodens beträgt in den erstgenannten über 90 % (UBA 2006:3), in Zonen diskontinuierlichen und teilweise nicht sehr tiefreichenden Permafrostes 10 bis 90 % (UBA 2006:3). In mancher Literatur erfährt dieser diskontinuierliche Permafrost eine nochmalige Gliederung in sporadischen Permafrost, wie auch in Abbildung 3 erkennbar. Selbst in Gebieten mit kontinuierlichem Charakter gibt es jedoch als Taliki bezeichnete Zonen, in denen der Boden nicht oder kaum gefroren ist. Aufgrund des Wärmepotentials des Wassers gibt es beispielsweise „unter dem Bett der Lena in ihrer gesamten Länge keinen gefrorenen Boden“ (HRABOWSKI 1990:81). Die Mächtigkeit des Permafrostes beträgt allgemein einige bis mehrere Hundert Meter und besitzt südlich der Stadt Udatschny im nordwestlichen Jakutien ihr absolutes Maximum von ca. 1500 m (WEIN 1999:24). Unter Jakutsk, das im kontinuierlichen Permafrostgebiet liegt, erreicht er eine Tiefe von 200 bis 250 m (MAKAROV & VENZKE 2000:23). Entstanden ist der Permafrost nicht erst in jüngster Zeit, sondern bereits im Pleistozän, als kaltklimatische Bedingungen und das Fehlen einer isolierenden

Inlandvereisung in diesem Periglazialgebiet zum Durchfrieren des Bodens führten (GROßE et al. 2004:54; WEIN 1999:23). Dennoch ist das System Permafrost ein dynamisches, „*and its distribution, thickness, and composition have varied substantially over geological time*“ (NELSON 2003:1673). Nach wie vor spielen sich hier landschaftsbildende Prozesse ab, die einen charakteristischen Formenschatz hervorbringen. Zu diesem gehören unter anderem die typischen, als Alas bezeichneten und oft mit Seen gefüllten Bodensenken, des Weiteren Pingos – im Kern aus Eis bestehende Hügel – und die markanten, sich zu polygonalen Netzen verbindenden Eiskeile (HRABOWSKI 1990:81ff.). Die Prozesse, die mit dem Schmelzen des Permafrostes in Verbindung stehen, werden ebenso wie die daraus resultierenden Reliefstrukturen als Thermokarst bezeichnet. Zur Dynamik des Systems gehören neben diesen meist längerfristigen Modifikationen vor allem die jahreszeitlichen Veränderungen. Hierzu zählt die jährliche, oberflächliche Auftauschicht, *Active Layer* genannt, die gewöhnlich 0.5 bis 2 m (POPP 2007:8) beträgt. Sie führt im Sommer zur sogenannten *Rasputiza* (Wegelosigkeit) und stellt ein deutliches Hindernis für die infrastrukturelle und damit industrielle Erschließung des Gebietes dar (WEIN 1999:25). Die Mächtigkeit dieser Auftauschicht ist nach NELSON (2003:1673) und POPP (2007:8) unter anderem abhängig von der Art der Oberflächenbedeckung, Exposition, Dicke und Art des Bodensubstrates, Lufttemperatur und dem Gehalt des Wassers im Boden. Unter Städten kann sie ob der hohen thermischen Beeinflussung, die abhängig ist von Struktur und Alter der Bebauung, größere Tiefen erreichen und macht damit die typische Pfahlbauweise der Häuser unabdingbar (MARKAROV & VENZKE 2000:23).

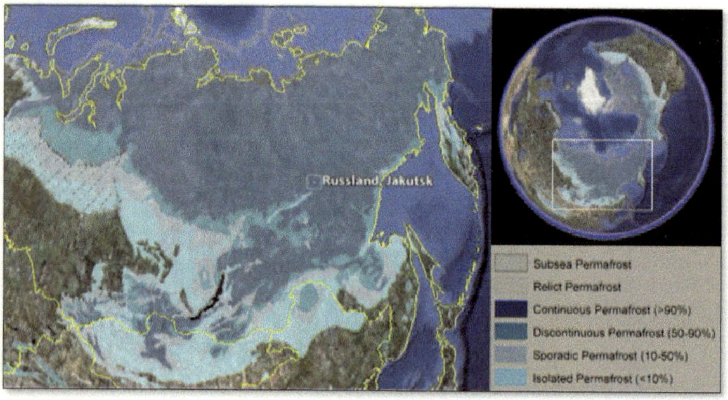


Abb. 3: Permafrostausdehnung als *Google Earth*-Darstellung (Quelle: NSIDC o.J.:o.S.)

Als Permafrost-Degradation wird der Rückgang des Dauerfrostbodens bezeichnet, der vor allem an dessen Südflanke schon erkennbar ist. Doch auch an den Küsten ist solch eine dort als Thermoerosion titulierte Zerstörung zu registrieren und kann unter anderem mithilfe von multitemporalen Satellitendaten quantifiziert werden (GROßE et al. 2004:56; UBA 2006:7). Der Grund für den Rückgang liegt in der Interaktion zwischen Permafrost und der Temperatur, deren Ansteigen die zentrale Rolle im *global climate change* spielt, zum sukzessiven Auftauen führt und ein erneutes Gefrieren verhindert. An sich natürliche Prozesse wie Thermokarst werden verstärkt und führen zu Rückkopplungsprozessen. So absorbieren beispielsweise die in Gebieten kontinuierlichen Permafrostes an Häufigkeit und Oberfläche zunehmenden Thermokarstseen verstärkt solare Strahlung, geben diese an den Boden ab und forcieren so wiederum den Tauprozess (POPP 2007:9). Die größte Gefahr für das Klima geht nach Meinung der Forscher von den beim Tauen freigesetzten, klimarelevanten Gasen Methan und Kohlenstoff aus. Diese Gase entstanden als Endprodukte der mikrobakteriellen Umwandlung abgestorbener Organismen, lagerten sich im gefrorenen Boden ein und machen das Permafrostgebiet zu „eine[r] deutlich größere[n] Treibhausquelle als geglaubt“ (SCINEXX 2006:o.S.). Folgen der Freisetzung sind der weitere Anstieg der Temperatur und ein beträchtlicher, erwarteter Rückgang des Permafrostes (ANISIMOV & NELSON 1997). Ein eher regionales Risiko bedeutet auch das Absinken der Oberfläche infolge des Tauprozesses. Vor allem in Bereichen, in denen der Permafrost reich an unterirdischen Eiskörpern ist und so sehr stark absacken kann, kann es neben hydrologischem und biologischem Wandel zu zivilisatorischen Gefahren kommen (NELSON 2003:1674).

### 4.2 Zusammensetzung der Vegetation

Das größte Vorkommen im artenarmen Gebiet um Jakutsk, das im rund 1500 km (WEIN 1999:30) breiten Taiga-Gürtel liegt, hat die dahurische Lärche (*Larix gmelinii*) (MIRKIN et al. 1988:121). Durch ihre extreme Kälteresistenz ist sie anderen Baumarten gegenüber bevorteilt. Die schmalen, aufgrund des Permafrostbodens flachwurzligen und deshalb locker stehenden Bäume, die Höhen bis 25 m (VENZKE 1994:83) erreichen, nehmen etwa 86 % (WEIN 1999:31) der jakutischen Wälder ein. Weiterhin tritt die Kiefer (*Pinus sylvestris*) auf und verschiedene Vertreter der

Pionierpflanze Birke (*Betula*), welche die Nadelwälder in variierender Dichte durchsetzen. Nach WEIN (1999:31) verfügen die Lärchenwälder ob der extremen klimatischen Bedingungen über eine nur artenarme, aber typische Bodenvegetation. Diese setzt sich aus Moosen, Flechten und Strauchlarten wie der *Cranberry* (*Vaccinium macrocarpon*) zusammen und besitzt eine nur geringe Saisonalität (KOBAYASHI et al. 2007:240f.). Auf Flächen, hauptsächlich Alassen, in denen kein Wald existiert, sind meist Steppengräser zu finden (VENZKE 1994:83). Landwirtschaftliche Nutzpflanzen sind aufgrund der kurzen Vegetationsperiode und der Nährstoffarmut im Gebiet kaum vertreten (HRABOWSKI 1990:105ff.). Die Art der Vegetation richtet sich auch nach topographischen Faktoren wie Höhe, Hangneigung oder –Ausrichtung, da diese beispielsweise die Hydrologie und die Stärke der Sonneneinstrahlung und damit die Lebensbedingungen für die Pflanzen maßgeblich beeinflussen (YU et al. 2006:807).

## 4.3 Wechselwirkung zwischen Permafrost und Vegetation

In zahlreichen Studien wurde festgestellt, dass eine vielseitige Interaktion zwischen Dauerfrostboden und der dortigen Vegetation besteht (BAKALIN & VETROVA 2008:318). Für die Vegetation hat vor allem die Funktion des Permafrostbodens, ihr als direkte Wasserquelle zu dienen, Relevanz. Die Lärche beispielsweise wird im Frühjahr vom reichlichen Schmelzwasser des Schnees und im Sommer durch Niederschlagswasser gespeist. Die geringen Niederschläge im Gebiet allein sorgen jedoch nicht für ausreichend Wasserzufuhr in dieser Jahreszeit. Vielmehr trägt tauendes, vorher im gefrorenen Boden gebundenes Wasser zur Versorgung bei und ist dabei eine essentielle Wasserquelle vor allem in trockenen Sommern. Herrscht am Ende des Sommers dennoch eine positive Wasserbilanz, erfüllt der Boden überdies eine Pufferfunktion, indem dieses Wasser gefroren und den Pflanzen im folgenden Jahr zur Verfügung gestellt wird (SUGIMOTO et al. 2002). Die Bedeutung der Vegetation für den Permafrost liegt vor allem in ihrer isolierenden Wirkung (WEIN 1999:30). Die Taiga samt ihrer Bodenvegetation und der teils mächtigen Humusauflage verhindert ein zu tiefes Auftauen des Bodens durch solare Strahlung (MAKAROV & VENZKE 2000:25). Hierbei besteht eine bilaterale Korrelation zwischen der Tiefe des Permafrostspiegels und der Art der Vegetation (BAKALIN & VETROVA 2008). So taut der Boden unter Lärchenwald mit einer Humus- und Moosschicht beispielsweise weniger als 50 cm auf, die Auftauschicht unter einem flechtenreichen Kiefernwald kann jedoch 2.50 bis 3 m betragen (VENZKE 1994:85). Erkennbar ist hierbei teilweise auch ein Kreislauf verschiedener Stadien, die sich durch unterschiedliche Vegetationszusammensetzung und damit verbundener *Active Layer* – Tiefe auszeichnen (BAKALIN & VETROVA 2008). Infolge bestimmter Ereignisse kann es vorkommen, dass diese Kreisläufe gestört werden. Wird beispielsweise eine Fläche entwaldet, unter anderem als Folge von Feuer oder durch Holzeinschlag, führt die nun fehlende schützende Bodenbedeckung zu einem verstärkten Auftauen des Bodens, woraufhin dieser absinkt. Anfangs füllt sich dieser Alas mit Wasser, kann jedoch durch hohe Evaporation austrocknen und versalzen. Passiert dies, sind nur noch wenige Pflanzenarten in der Lage, unter den entstandenen salinen Bedingungen zu überleben (UEMURA et al. 1998:71f.). Aufgrund des bestehenden Zusammenhangs zwischen Vegetation und Permafrost hätten dessen Rückgang und eine so initiierte, verschiedenartige Zerstörung besonders der Baumvegetation ergo wieder rückkoppelnde Folgen (UBA 2006:11; UEMURA et al. 1998:71).

### 4.4 Fernerkundung der Vegetation

Die optische Fernerkundung von Vegetation, die „eine lange Tradition“ (ALBERTZ 2007:192) besitzt, nutzt die sich unterscheidenden Reflexionseigenschaften verschiedener Pflanzen. Die Tatsache, dass Vegetation rotes Licht größtenteils absorbiert, im Bereich des nahen Infrarots jedoch stark reflektiert, ist ein wesentlicher Schlüssel zu ihrer Detektion und Trennbarkeit von anderen Oberflächen. Prägnant ist dabei der steile Anstieg der Reflexionskurve photosynthetisch aktiver Pflanzen am Übergang dieser Strahlungsbereiche, der sich bei etwa 700 nm (ALBERTZ 2007:18f.) befindet. Hierbei gilt, dass die Vegetation umso vitaler ist, desto steiler sich der Anstieg dieser Kurve gestaltet (BOIKE et al. 2007a:20). Folglich weisen Pflanzen eine saisonale Änderung der Reflektanz auf (CURRAN et al. 1990:173f.). Trotz der genannten, charakteristischen Reflexionseigenschaften lassen sich manche Arten schlecht separieren, wenn eine Überlappung spektraler Eigenschaften der Klassen auftritt (CURRAN et al. 1990:170f.). Mithilfe der auf verschiedenem Wege auswertbaren Bilddaten lassen sich beispielsweise Vegetationskarten diverser Maßstäbe erstellen, der Zustand der

Vegetation erkennen oder deren Wandel auf verschiedenen Skalen detektieren (STOW et al. 2004:283). Zur Differenzierung der Vegetationsarten ist es jedoch adäquat, Daten geometrisch hochauflösender Sensoren heranzuziehen, um Mischpixel zu vermeiden und eine hohe Genauigkeit zu erreichen. Dies ist bei gröber auflösenden Daten nicht zwangsläufig gegeben (CZAPLEWSKI & PATTERSON 2003).

Die Fernerkundung hat sich in den hohen Breitengraden allerdings mit Faktoren wie der kurzen Wachstumsperiode, zeitweiligen Schneebedeckung der Flora und Bewölkung auseinanderzusetzen (KASISCHKE et al. 2004:148f.). Aus diesen Gründen und den damit verbundenen hohen Kosten gibt es von diesen ausgedehnten Gebieten auch kaum langjährige, historische Luftbild-Zeitreihen (STOW et al. 2004:282).

# 5 Daten und Methoden

In Kapitel 5 werden zunächst die Daten, die zur Beantwortung der Fragestellung verwendet wurden, vorgestellt und die Schritte der Vorprozessierung beschrieben. Im weiteren Verlauf soll das Verfahren der objektorientierten Klassifikation erläutert werden. Der Schwerpunkt des Kapitels liegt auf der Dokumentation der erfolgten Datenbearbeitung, respektive der Erstellung und Kalibrierung des verwendeten Regelwerks.

## 5.1 Datengrundlage

PRISM (*Panchromatic Remote-Sensing Instrument for Stereo Mapping*) und AVNIR-2 (*Advanced Visible and Near Infrared Radiometer type 2*) sind neben dem Radarsensor PALSAR (*Phased Array type L-band Synthetic Aperture Radar*) zwei weitere Instrumente des japanischen Erdbeobachtungssatelliten ALOS (*Advanced Land Observing Satellite*). Im Januar 2006 wurde dieser Satellit vom *Tanegashima Space Center* der japanischen Raumfahrtagentur JAXA (*Japan Aerospace Exploration Agency*) aus gestartet und operiert von seiner sonnensynchronen Umlaufbahn in etwa 691 km Höhe aus (BÖRNER et al. 2007:1).

### 5.1.1 ALOS PRISM

PRISM nimmt panchromatisch im Spektralbereich von 520-770 nm und mit einer geometrischen Auflösung von 2.5 m auf (SCHNEIDER et al. 2008:1). Die Breite der vom Sensor observierten Fläche, die sogenannte Schwadbreite, beträgt 35 km im *triplet mode*, das heißt gleichzeitiger Gebrauch der nach vorn gerichteten, nach hinten gerichteten und Nadir-Kamera. Das Nadir-Teleskop deckt andernfalls eine Fläche von 70 km Breite ab (Abb. 4) (JAXA o.J.a:o.S). Angewandt wird PRISM etwa zur Detektion von Naturkatastrophen wie Erdbeben oder Ölteppichen und – mithilfe der Stereo-Aufnahmetechnik – zur Untersuchung der Topographie der Landschaft (ESA 2009b:o.S.). Die in dieser Arbeit verwendete Szene ist ebenso wie die AVNIR-Szene eine Sommeraufnahme. Sie stammt vom 10. Juni 2008, die Koordinaten ihres Zentrums betragen 62° 19‘ 51“ nördlicher Breite und 129° 12‘ 18“

östlicher Länge. Das Prozessierungslevel der Daten ist 1B1, was aussagt, dass sie radiometrisch korrigiert worden sind (ESA 2009b:o.S.).

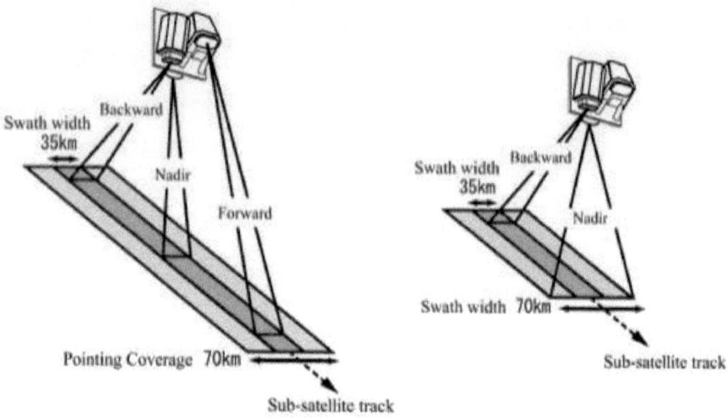


Abb. 4: Aufnahmemodi des ALOS PRISM-Sensors (Quelle: JAXA o.J.a:o.S)

### 5.1.2 ALOS AVNIR-2

Die geometrische Auflösung der AVNIR-2-Daten beträgt 10 m, die Schwadbreite 70 km. Die vier Bänder des Radiometers, das Hilfe bei der Observation von Land- und Küstengebieten leistet, nehmen im sichtbaren und infraroten Bereich auf. Band 1 deckt die Spanne von 420 bis 500 nm, Band 2 von 520 bis 600 nm und Band 3 von 610 bis 690 ab, Band 4 nimmt im Bereich von 760 bis 890 nm auf (JAXA o.J.b:o.S.). Die verwendete Szene mit den zentralen Koordinaten von 62° 29‘ 52“ nördlicher Breite und 129° 48‘ 14“ östlicher Länge wurde am 10. September 2008 aufgenommen. Ihr Prozessierungslevel ist 1B2, was eine radiometrische und geometrische Korrektion ausdrückt (ESA 2009c:o.S.). Im Gegensatz zur PRISM-Szene weist die AVNIR-Szene in den drei sichtbaren Kanälen – am stärksten sichtbar im blauen Band – eine leichte Wolkenbedeckung auf. Der Azimutwinkel der Sonne beträgt in beiden Datensätzen etwa 170°, was einem südlichen Lichteinfall entspricht.

### 5.1.3 Bildstörung im PRISM-Datensatz

Die PRISM-Szene weist teilweise stark verwischte Bereiche unterschiedlicher Größe auf, die ein Hindernis im Klassifikationsprozess darstellten. Hier treten diagonale, sich von NNO nach SSW-Richtung ziehende Streifen auf, die die aufgenommenen Landschaftselemente nicht mehr klar erkennen lassen (Abb. 5a). Der Grund hierfür könnten möglicherweise atmosphärische Einflüsse sein, die nach CURRAN et al. (1990:151) einen großen Teil der vom Sensor empfangenen Signale ausmachen und unter anderem mit deren Wellenlänge variieren. Über die radiometrische Korrektur der Daten sollten diese jedoch größtenteils bereinigt worden sein. Manche dieser in der PRISM-Szene verwaschenen Bereiche erscheinen im NIR-Kanal auffallend dunkel (Abb. 5b), jedoch sehr hell im blauen Band und weisen in der Echtfarbkomposite so eine violette Färbung auf. Der Vergleich mit der *Google Earth* – Szene lässt vermuten, dass dort eventuell abgestorbene Waldgebiete zu diesem Effekt führen. Dies kann aufgrund der begrenzten geometrischen Auflösung und der zeitlichen Unterschiede zwischen den ALOS- und *Google Earth* - Daten jedoch nicht genau gesagt werden und begründet auch nicht, weshalb die Störungen auch in Bereichen der PRISM-Szene vorkommen, die im AVNIR-Kanal keinerlei Besonderheit aufzeigen.

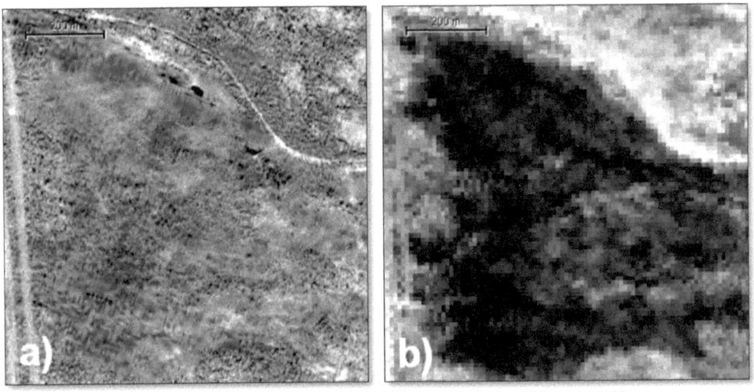


Abb. 5: Bildstörung im PRISM-Kanal (a) und derselbe Ausschnitt im NIR-Kanal (b)

## 5.2 Vorprozessierung der Daten

Um mit den zur Verfügung gestellten Satellitenbildern arbeiten zu können, war eine Reihe von Vorbearbeitungen dieser Daten nötig.

Den ersten Schritt stellte hierbei deren Georeferenzierung mithilfe von sogenannten Passpunkten dar. Über diese Referenzierung werden die Daten auf ein geodätisches Bezugssystem transformiert und das Bild wird zugleich geometrisch entzerrt (ALBERTZ 2007:77). Hierfür wurde das Modul *Ortho Engine* der Bildverarbeitungssoftware *PCI Geomatica* V10.1 eingesetzt, mithilfe dessen zuerst die räumlich höher aufgelöste PRISM- auf die *Google Earth* - Szene vom 08. Juli 2005 eingepasst wurde. Es wurden 22 GCPs (*Ground Control Points*) gesetzt und auf das Bezugssystem WGS 84 (*World Geodetic System* 1984), UTM (*Universal Transverse Mercator*) Zone 52 *northern hemisphere*, referenziert. Der RMS (*Root Mean Square Error*) betrug für X-Koordinaten 1.35 und für Y-Koordinaten 0.88. Die so georeferenzierte PRISM-Szene diente nun als Masterdatensatz zur Entzerrung des AVNIR-Bildes, mithilfe deren der zuvor bestehende Versatz zwischen beiden Datensätzen eliminiert werden konnte. Zur Korrektion der AVNIR-Daten wurden 19 GCPs gesetzt. Der RMS dieser Georeferenzierung betrug 0.62 für die X- und 0.51 für die Y-Koordinaten. Beim Setzen der GCPs sollte darauf geachtet werden, zeitlich möglichst unveränderbare Objekte zu wählen wie beispielsweise Häuser oder ähnliches. Im verwendeten Datensatz war dies jedoch schwierig, da sich die Landbedeckung hauptsächlich aus veränderlicher Vegetation und Seen, die mindestens saisonal in ihrer Größe variieren, zusammensetzt. Die drei Monate Unterschied zwischen der PRISM- und der AVNIR-Szene und die drei Jahre Differenz zu den *Google Earth* - Daten stellten hierbei also einen erschwerenden Faktor dar, ebenso wie deren unterschiedliche geometrische Auflösung.

An diese geometrischen Transformationen schloss sich die Erstellung eines *Layerstacks* - bestehend aus der PRISM-Szene und den vier AVNIR-Bändern - im Programm *ENVI*, Version 4.5, an. Da beide Szenen nicht vollkommen dasselbe Gebiet zeigten, wurde aus diesem Datenstapel anschließend ein Ausschnitt erstellt, der die von beiden Aufnahmen simultan abgedeckte Region enthielt. Dieser Ausschnitt konnte schließlich zur weiteren Bearbeitung dienen.

### 5.3 Objektorientierte Bildverarbeitung

Die in dieser Arbeit genutzte Methode der Bildanalyse von Fernerkundungsdaten ist die auf Objekten basierende, die seit 1999 zur Waldklassifikation genutzt wird (HESE & SCHMULLIUS 2005:2). Sie stützt sich im Gegensatz zu pixelbasierten Verfahren nicht nur auf spektrale Eigenschaften der erfassten Erdoberfläche, sondern auf verschiedene Eigenschaften zuvor erstellter Bildsegmente, die die Basiseinheiten dieser Art von Bildverarbeitung darstellen (BENZ et al. 2003:240). Die Herangehensweise ist dabei eine Logische und ähnelt der visuellen Wahrnehmung des Menschen, die „ein betrachtetes Bild in mehr oder weniger scharf abgegrenzte Einzelflächen unterteilt" (ALBERTZ 2007:122), diese Objekte identifiziert und hierbei nach Charakteristiken wie Form, Größe oder Farbe urteilt. Im Vordergrund stehen außerdem topologische Beziehungen zwischen den Objekten wie beispielsweise Nachbarschafts- oder hierarchische Relationen (DEFINIENS AG 2007:19ff.). Auf deren Grundlage können in späteren Bearbeitungsschritten wissensbasierte, relationale Abfragen gestartet werden und zur Erstellung der Klassifikation genutzt werden (BENZ et al. 2003:240). Die für diese Art der Bildanalyse bedeutendste Software ist *Definiens Developer*. Zur weiteren und hauptsächlichen Verarbeitung der in Kapitel 5.1 erläuterten Daten wurde Version 7 dieser Software genutzt. Nachfolgend wird die Nutzung der beschriebenen Methode zur Lösung der Aufgabenstellung dieser Arbeit begründet, indem die Vorteile der objektbasierten Klassifikation herausgestellt werden.

#### 5.3.1 Vergleich Pixel- und Objektbasierter Bildverarbeitung

Pixelbasierte Klassifikationsansätze, die seit den 1970er Jahren Anwendung finden (HOFFMANN 2000:138), machen sich ausschließlich das unterschiedliche Reflexionsverhalten der verschiedenen aufgenommenen Oberflächen zunutze. Die Bildobjekte, welche hier von den einzelnen Pixeln dargestellt werden, werden zu unterschiedlichen Clustern im spektralen Merkmalsraum akkumuliert und auf diese Weise klassifiziert. Dies geschieht entweder in Form einer überwachten Klassifikation, die die Erstellung von Trainingsgebieten für eine determinierte Anzahl von Klassen voraussetzt, oder unüberwacht (TOMOWSKI et al. 2006:32).

Bei höherer räumlicher Auflösung der Daten verringert sich zwar die Mischpixel-Problematik. Jedoch nimmt die spektrale Heterogenität innerhalb der

Zielobjekte, beispielsweise Bäume, zu, verursacht durch Baumschatten oder ähnliches. Hier stoßen die pixelbasierten Klassifikationsstrategien an ihre Grenzen, da sie zu einem sogenannten „Salz- und Pfeffer" – Effekt führen, indem innerhalb von Klassen falsch kategorisierte Pixel auftreten. Dies kann zwar durch Vor- oder Nachbearbeitungen wie Filtern abgeschwächt werden, nimmt jedoch - abhängig von mehreren Faktoren - teils extreme Rechenzeit in Anspruch und kann zum Verschwimmen der Objektgrenzen führen (YU et al. 2006:799f.). Pixelbasierte Verfahren sind demnach eher zur Klassifikation homogener Flächen geeignet (WHITESIDE & AHMAD 2005:1230).

Dieses Problem wird mit objektbasierten Ansätzen umgangen, da die Objekte als Ganzes und somit als kleinste Klassifikationseinheit betrachtet werden und zum Beispiel die genannten Nachbarschaftsbeziehungen zur Hilfe herangezogen werden können. Hierbei wird sich wiederum die enge Beziehung zwischen *real world* - Objekten und Bildobjekten zunutze gemacht, die mit pixelbasierten Ansätzen nicht hergestellt werden kann (BENZ et al. 2003:240). Außerdem können in *Definiens Developer* Objekte Klassen nur zu bestimmten Anteilen zugeordnet werden. Somit wird der menschlichen Logik gefolgt und es können starre Einordnungen umgangen werden. Diese Vorgehensweise der Zuordnung von Segmenten zu Klassen wird als *Fuzzy Logic* bezeichnet (DEFINIENS AG 2007:209). Weiterhin können zur objektorientierten Bearbeitung zahlreiche Zusatzinformationen integriert werden wie thematische *Layer* oder DEMs (*Digital Elevation Model*), wodurch das Potential dieses Verfahrens noch erhöht werden kann. Die genannten Vorteile führen insgesamt zu höheren Genauigkeiten der objektbasierten gegenüber den pixelorientierten Klassifikationsverfahren (ORUC et al. 2004; WHITESIDE & AHMAD 2005:1230) und zur Eignung dieser Strategie zur Bearbeitung hochauflösender Daten. Diese Vorteile machten es adäquat, dieses Verfahren auch in der vorliegenden Arbeit zu gebrauchen. Nachfolgend wird der erste und grundlegende Schritt des objektorientierten Ansatzes, die *Multiresolution Segmentation*, beschrieben und ihre Anwendung dokumentiert.

## 5.4 Multiresolution Segmentation

Anschließend an die Vorprozessierung der Daten wurde ein *Subset* des *Layerstacks* gewählt, das als Grundlage zur Erstellung des Regelwerkes in *Definiens Developer* diente. Um eine zu lange Rechenzeit zur Ausführung der einzelnen, später erstellten Prozesse wie vor allem der sehr feinskaligen Segmentierung zu vermeiden, wurde die Größe des Ausschnittes auf ca. 16 km² begrenzt. Dabei wurde er nach visueller Einschätzung so gewählt, dass alle anschließend erstellten Klassen vertreten waren und keine Wolkenbedeckung auftrat. Ein weiterer Faktor, der die Wahl der Größe des Testgebietes begrenzte, waren die in Kapitel 5.1.3 erläuterten Bildstörungen, die flächenhaft in der PRISM-Szene auftraten und eine Klassifikation in diesen Gebieten erschwerten. Die Plattform für jede weitere Bearbeitung des Eingangsdatensatzes stellte dessen Segmentierung dar.

*„The fundamental step of any Definiens image analysis is a segmentation of a scene - representing an image - into image object primitives“* (Definiens AG 2007:121). Die Segmentierung beschreibt allgemein also eine Zerlegung des Gesamtbildes in einzelne, kleinere und in sich homogene Bildobjekte. Jedoch wird auch das sogenannte *Merging*, unter dem ein Zusammenfügen dieser Objekte verstanden wird, in *Definiens Developer* als Segmentation bezeichnet. Die generierten Objekte, deren Charakteristika wie nachfolgend beschrieben vom Benutzer definiert werden können, haben eindeutige Grenzen und bestehen aus einer bestimmten Anzahl von Pixeln, wobei jedes Pixel genau einem Objekt zugeordnet ist. Die kleinstmögliche Segmentgröße wäre die eines Pixels, jedoch hätte ein solch kleines Objekt nur einen geringen Informationsgehalt. Aus diesem Grund sollte darauf geachtet werden, dass die Objekte so groß wie möglich geraten, aber immer noch klein genug sind, um reelle, gesuchte Objekte sauber zu detektieren und Details nicht zu generalisieren. Durch die Bildung der Bildsegmente wird eine sogenannte Segmentierungsebene, auch als Objektlevel bezeichnet, kreiert. Diese Ebene dient als Ausgangsbasis aller weiteren Bearbeitungen des Bildes (DEFINIENS AG 2007:121f.). Abhängig von der Aufgabenstellung ist es angebracht und möglich, verschiedene Level zu erstellen, die sich jeweils aus Objekten gleicher Charakteristiken zusammensetzen und ein hierarchisches Netzwerk bilden. Ein feiner segmentiertes Level liegt dabei stets unterhalb einer gröber segmentierten Ebene, in welcher die kleineren Objekte zu größeren zusammengefasst werden. Daraus resultiert, dass die

Grenzen der großen Objekte auch kleinere einfassen. Hierdurch wird garantiert, dass präzise relationale Abfragen der Segmente zu ihren Ober-, Unter- und Nachbarobjekten ausgeführt werden können (TOMOWSKI et al. 2006:42).

Die Segmentierung kann Punkt-, Kanten- oder Regionen-orientiert geschehen (JÄHNE 1989:163). Der auf Regionen basierte Segmentierungsansatz gliedert sich in weitere Verfahren, zu denen auch das des Regionenwachstums gehört. Bei diesem *bottom up* – Verfahren werden die jeweils umliegenden Pixel einer bestimmten Anzahl von Saatpixeln zu einer Region, einem Objekt, akkumuliert, insofern sie dem festgelegten Homogenitätskriterium entsprechen (BAATZ & SCHÄPE 2000:13). Entspricht ein Pixel diesem Kriterium nicht und würde bei einer Aufnahme in das Objekt dessen Heterogenität erhöhen, wird an einem anderen Punkt ein neues Saatpixel gesetzt. Nach diesem Prinzip funktioniert auch die sogenannte *Multiresolution Segmentation*, die neben der *Chessboard* und der *Quadtree Segmentation* in *Definiens Developer* zur Verfügung steht (TOMOWSKI et al. 2006:37f.).

Das genannte Homogenitätskriterium, nach dem die Objektbildung geschieht, berechnet sich aus der Farb- und der Formhomogenität. Die Farbhomogenität betrachtet hierbei die Standardabweichung der spektralen Farben innerhalb des zu bildenden Objekts. Der Formparameter wird nochmals unterteilt in *Compactness*, das Kompaktheitsmaß, und *Smoothness*, das Maß für die Kantenglätte der Objekte (Abb. 6). Die Parameter werden vom Benutzer definiert und gewichtet, wobei ihre Anpassung per *trial and error* – Methode geschieht. Das heißt, es wird sich der optimalen Parametereinstellung mittels mehrerer Versuche genähert. Die Berechnung wird beeinflusst vom sogenannten *Scale Parameter*, dessen Wert die Größe der Segmente und somit deren Heterogenität bestimmt (DEFINIENS AG 2007:59f.).

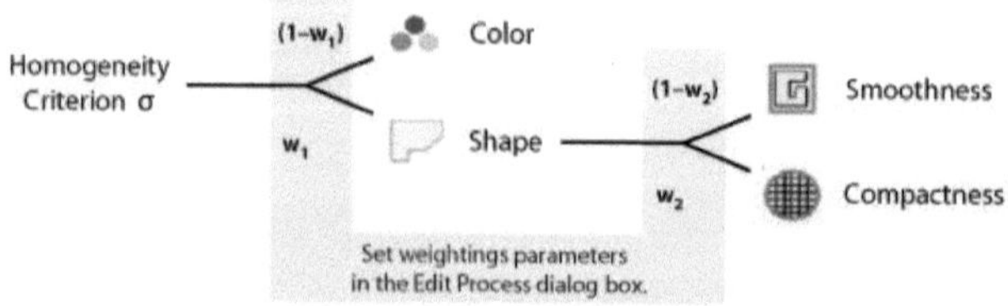


Abb. 6: Schema der Aufsplittung des Homogenitätskriteriums (DEFINIENS AG 2007:160)

Zur Segmentierung des Testgebietes wurde es als sinnvoll erachtet, zwei Objektlevels zu erzeugen. Ziel war es, ein erstes Level zu kreieren, auf dem es möglich sei, Vegetation von Nichtvegetation zu trennen und verschiedene Vegetationstypen zu klassifizieren. Hierbei war jedoch nicht angedacht, einzelne Pflanzenexemplare zu detektieren, sondern diese im Verbund zu erkennen und somit die Struktur der Bestände zu verfolgen. Diesem Zweck sollte mit einer gröberen Segmentierung nachgekommen werden. Auf diesem Level sollte die letztendliche Klassifikation mit allen relevanten Klassen enthalten sein. Um die verschiedenen Dichteklassen des Waldes erkennen und klassifizieren zu können, schien es sich anzubieten, die relationalen Beziehungen der Objekte zueinander zu nutzen. Der Grundgedanke der Vorgehensweise bestand darin, den Wald - beziehungsweise die später als Wald zu klassifizierenden Objekte - logisch als Komposition einer Vielzahl von Elementen wie Baumkronen, Schatten oder Waldboden wahrzunehmen (CURRAN et al. 1990:105). Diese kleineren Elemente sollten auf einem feiner segmentierten Objektlevel mit dementsprechend angepasstem *Scale Parameter* detektiert werden, um sie für die Klassifizierung mit den größeren Objekten in Beziehung setzen zu können.

Nach diesen Vorüberlegungen wurden nun beide Level generiert, wobei die PRISM-Szene stets besonders gewichtet wurde, um die Objekte auf Basis der höheren Auflösung dieses Datensatzes zu erstellen und da die feineren Strukturen ausschließlich hier sichtbar waren. Für Level 1 wurde nach visueller Einschätzung ein *Scale Parameter* von 2 definiert, um die Waldkomponenten möglichst gut zu erkennen und zu erhalten. Eine präzise Detektion der Struktur der Baumkronen, was eine genaue Quantifizierung der Bäume erlaubt hätte, war durch die begrenzte geometrische Auflösung von 2.50 m und dem damit verbundenen Mischpixeleffekt nicht möglich. Aus diesem Grund wurde der Fokus auf die im Vergleich zum Wald dunkleren Baumschatten und den helleren Waldboden gesetzt und versucht, diese Elemente möglichst gut durch die Objekte wiederzugeben. Um sehr verzweigte Segmente in diesem Level zu vermeiden, wurde das Formkriterium mit einer Wichtung von 0.3 einbezogen und die *Compactness* auf 1 gesetzt. Wie erwartet und im *Feature View* des *Definiens Developer* deutlich zu erkennen, fielen die Objekte des segmentierten Levels in Waldgebieten kleiner aus als in nicht von Wald bedeckten Gebieten, nach YU et al. (2006:805) resultierend aus der Heterogenität der

Tab. 1: Parameterwerte für die Segmentierung von Level 1 und Level 2

| | Level 1 | Level 2 |
|---|---|---|
| *Scale Parameter* | 2 | 20 |
| *Color* | 0.7 | 0.7 |
| *Shape* | 0.3 | 0.3 |
| *Compactness* | 1 | 0.5 |
| *Smoothness* | 0 | 0.5 |

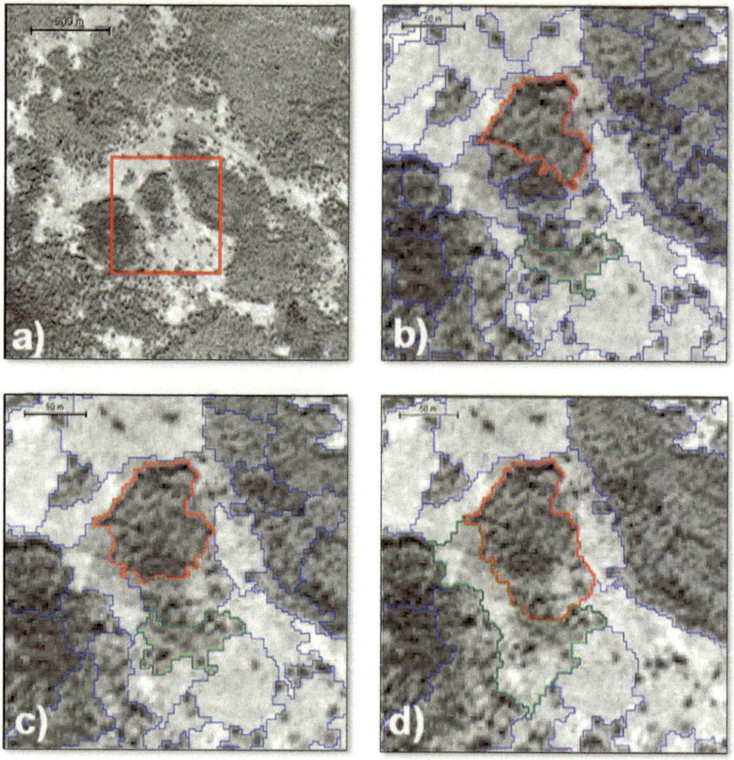


Abb. 7: Segmentierung Level 2 mit verschiedenen *Scale Parameter* – Einstellungen,
a) Überblick, b) *Scale Parameter* 15, c) *Scale Parameter* 20, d) *Scale Parameter* 35

Grauwerte im Wald. Auf Grundlage dieses feinskaligen Levels wurde das hierarchisch darüber liegende Level 2 segmentiert. Auch hier wurde per *trial and error* nach der optimalen Kalibrierung gesucht. Abbildung 7d zeigt, dass ein *Scale Parameter* von 35 teilweise nicht zwischen unterschiedlich dichten Waldgebieten trennt, was jedoch essentiell für die Klassifikation war. Eine zu gering gewählte Einstellung wiederum erstellt fraktale Objekte (Abb. 7b). Das beste Ergebnis wurde mit einem *Scale Parameter* von 20 erzielt (Abb. 7c). Hierdurch wurde auch die Waldschneise im rechten Teil des Testgebietes gut wiedergegeben, potentielles Grasland sauber von Wald getrennt und andere Landschaftsbereiche zufriedenstellend in Objekten abgebildet. Da Waldbestände nach MALLINIS et al. (2008:243) kaum einer bestimmten Form folgen, bekam das Farbkriterium auch in diesem Level die höhere Wichtung, und zwar 0.7. *Compactness* und *Smoothness* wurden zu gleichen Teilen berücksichtigt, da weder zu kompakte noch zu längliche Objekte gesucht waren. In Tabelle 1 ist die Parametrisierung der Segmentation beider Levels nochmals übersichtlich zusammengefasst.

An die Segmentierung schloss sich eine sukzessive Klassenerstellung und Klassifikation der Objekte an. Bevor der Klassifikationsalgorithmus dokumentiert wird, soll nachfolgend eine Übersicht über die erstellten Klassen gegeben werden.

## 5.5 Klassenerstellung

Das Erstellen der Klassen erfolgte schrittweise, da bei einer objektorientierten Klassifikation nicht zwingend alle Klassen zeitgleich beschrieben und genutzt werden müssen. Ebenso gibt es Klassen, die zu Beginn angelegt werden, um beispielsweise eine erste grobe Trennung der Objekte zu erlauben, im späteren Verlauf aber entweder weiter unterteilt werden oder nur als Hilfsklasse dienen. Diese Klassen haben demnach im Endergebnis der Klassifikation keine Bedeutung mehr.

Aufgrund fehlender *in situ* - Daten der genauen Artenzusammensetzung der Vegetation im Untersuchungsgebiet konnte keine Unterteilung in unterschiedliche Arten im Bodenbewuchs oder beispielsweise in Lärchen- und Kiefernwald gemacht werden. Denn diese genaue Artenbestimmung setzt nach ALBERTZ (2007:192f.) eine „gründliche Kenntnis der örtlich vorkommenden Baumarten […] voraus. Ferner müssen großmaßstäbige Bilder vorliegen, welche die artenspezifischen Merkmale der Krone, der Zweigstellung usw. erkennen lassen." Da beides nicht gegeben war und auch die zum Vergleich herangezogenen *Google Earth* – Daten nicht genügend Aufschluss brachten, wurde nach visueller Einschätzung und Orientierung an diversen wissenschaftlichen Arbeiten eine überwiegend selbstgewählte Klassensemantik erstellt und nach Vegetationstypen unterschieden. Für das Endergebnis relevant sind die Klassen „Wasser" (*water*), „Unbewachsen" (*bare ground*), „Grasland" (*grassland*), „Feuchtgebiet" (*wetland*) und die drei nach der FAO (2007:20) gegliederten Waldbeckungs-Klassen (*forest cover …* ) „10-40 %", „40-65 %" und „> 65 %". Die verwendeten Hilfsklassen und die Klassenhierarchie werden in den einzelnen Klassifizierungsschritten und nochmals abschließend genannt und erläutert.

## 5.6 Klassifikation

Auf Grundlage der generierten Bildobjekte konnte die Klassifikation angegangen werden, wobei mit dem gröberen Level 2 begonnen wurde. Die Klassifikation ist auf zwei Arten möglich. So können die Schritte einzeln ausgeführt werden in Form der *process-based classification.* Sollen zur Definition einer Klasse mehrere Parameter und eine Klassenhierarchie berücksichtigt werden, erfolgt die Klassifikation über *class descriptions* (DEFINIENS AG 2007:184). Bei der Erstellung des Prozessbaumes wurden beide Methoden synergetisch genutzt. Mithilfe visueller Einschätzung und durch die Verwendung der *Image Object Table* und des *Feature View* wurde nach geeigneten Schwellwerten für die Trennung zwischen den Klassen gesucht. Die endgültige Klassifikation basiert aufgrund der höheren geometrischen Auflösung, die vorteilhaft vor allem auch zur Bearbeitung von Level 1 war, hauptsächlich auf dem PRISM-Datensatz.

### 5.6.1 Erste Klassifikation Level 2

#### 5.6.1.1 Detektion der Vegetation

Im ersten Prozessierungsschritt sollten die mit Vegetation bedeckten Landflächen detektiert werden. Hierzu wurde eine Klasse „Vegetation" (*vegetation L2*) gebildet, für die zwei Kriterien definiert wurden. Ein Kriterium stellte der mittlere Grauwert der Objekte im PRISM-Kanal dar. Die Prüfung der Grauwerte im

*Feature View* ließ erkennen, dass Wasserflächen, die von der Vegetationsklasse ausgeschlossen werden sollten, sehr geringe Grauwerte aufwiesen und unbewachsene Landflächen sehr hohe. Um die Wasserflächen auszusparen, sollte der *Mean* – Wert der als Vegetation zu klassifizierenden Objekte über 49.5 liegen. Damit die hellen, unbewachsenen Bereiche unklassifiziert blieben, die ebenfalls hellen, grasbestandenen Gebiete jedoch der Vegetationsklasse zugeordnet werden konnten, wurde als zweites Kriterium der NDVI (*Normalized Difference Vegetation Index*) gewählt. Der NDVI ist ein Maß für die Vitalität der Vegetation und der am häufigsten genutzte Vegetationsindex. Er kann Werte zwischen -1 und +1 annehmen, wobei hohe Werte eine stärkere photosynthetische Aktivität der Pflanzen ausdrücken (SABINS 1997:405). Dieses *Feature*, für das der spektral höher aufgelöste AVNIR-Datensatz herangezogen wurde, musste selbst erstellt werden und berechnet sich wie folgt:

$$NDVI = \frac{(NIR - Rot)}{(NIR + Rot)} \qquad (1)$$

Objekte mit einem NDVI von über 0.124 sollten der Klasse „Vegetation" zugeordnet werden.

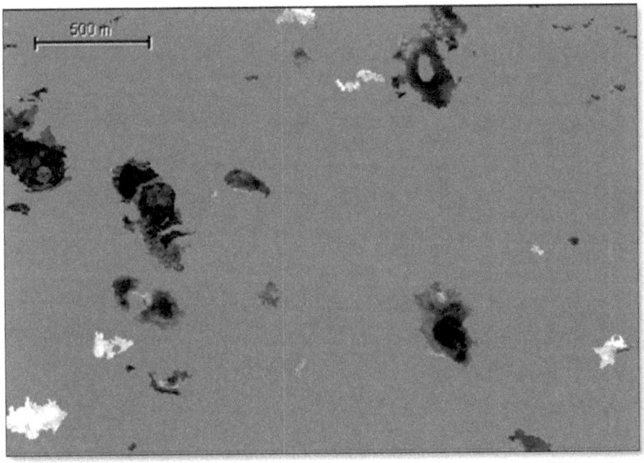


Abb. 8: Ausschnitt der Klassifikation nach der ersten Trennung von Vegetation und Nicht-Vegetation

Mithilfe dieser beiden Kriterien wurden die Objekte nun in die Klasse „Vegetation“ verschoben oder blieben unklassifiziert. Wie im Ausschnitt der Klassifikation (Abb. 8) dargestellt, blieben hauptsächlich die dunklen Wasser- und hellen, unbewachsenen Flächen ausgespart. Der spätere Aufnahmezeitpunkt der AVNIR-Szene ließ jedoch eine teilweise Deckungsungleichheit von saisonal variierenden Flächen in PRISM- und AVNIR-Daten erwarten. Dies bedingte die Annahme, dass beispielsweise trotz eines hohen NDVI in einigen Bereichen der PRISM-Szene noch keine oder nur spärliche Vegetation zu detektieren war.

#### 5.6.1.2 Klassifikation von „Wasser“ und „Unbewachsen“

Im nächsten Schritt wurde die Klassifikation von Wasser und unbedecktem Boden angegangen. Einerseits konnten Flächen ohne Bewuchs einfach über den Grauwert im PRISM-Datensatz (größer als 80) bestimmt werden, da sie sich in ihrer Helligkeit deutlich von anderen Oberflächen unterschieden. Da es jedoch insgesamt helle und als unbewachsen erkennbare Objekte gab, in denen einzelne dunklere Pixel auftraten – hervorgerufen von sehr kleinen Grasflächen oder einzelnen Bäumen – und somit der Grauwert des Objektes verringert wurde, musste eine weitere Bedingung eingefügt werden. So sollten auch Objekte mit etwas geringerem Grauwert (über 75) der Klasse „Unbewachsen“ zugeordnet werden, insofern der Wert für das Kontrast-Texturmaß nach HARALICK et al. (1973) über 44 lag. Die Einschränkung, dass nur bis dato unklassifizierte Segmente zu dieser Klasse gehören sollten, wurde aufgrund des am Ende von Kapitel 5.6.1.1 beschriebenen Problems nicht gemacht.

Für die Klasse „Wasser“ wurde ein Schwellwert von 48 für den Mittelwert der PRISM-Grauwerte determiniert, das heißt, Objekte wurden nur als Wasser klassifiziert, wenn sie unter diesem *Mean* – Wert lagen. Dieser Parameter wurde gewählt, da sich Wasserflächen und deren Randgebiete deutlich dunkler gegenüber den umliegenden Landschaftselementen darstellen. Die Nutzung des NIR-Kanals, mithilfe dessen Wasser usuell gut detektiert werden kann, brachte hier keine Verbesserung, da die Größe der Seen teils stark von denen im früher aufgenommenen PRISM-Datensatz abwich.

5.6.1.3 Unterteilung in die Vegetationstypen

Anschließend wurde in drei Vegetationstypen gegliedert. Hierfür wurden die Klassen „Grasland", „Feuchtgebiet" und „Wald" (*forest*) definiert. Grasland zeigte sich in Form heller Flächen mit glatter Textur. So ließ es sich optimal trennen über das *Feature GLCM* (*Grey Level Co-occurrence Matrix*) *Mean*, das Mittelwert-Texturmaß nach HARALICK et al. (1973). Der Grenzwert, über dem Objekte im Falle einer vorangegangenen Klassifikation als „Vegetation" als „Grasland" definiert werden sollten, lag bei 69. Abbildung 9 zeigt die Trennbarkeit mithilfe dieses *Features*. Weiterhin wurden, nach visueller Prüfung, die übrigen unklassifizierten Objekte vorerst dieser Klasse zugeordnet.

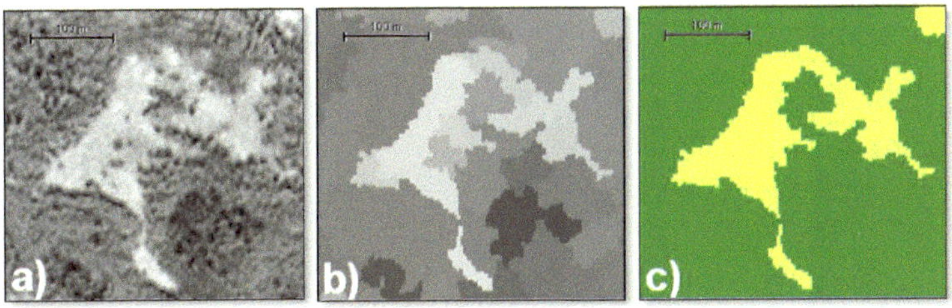


Abb. 9: Klassifikation von Grasland, a) Ausschnitt aus der PRISM-Szene, b) *Feature View* des *Features GLCM Mean*, c) Klassifikationsergebnis

Die Klasse „Feuchtgebiet" sollte helfen, die vegetationsbestandenen Randgebiete der Gewässer und offensichtlich sehr feuchte, jedoch nicht komplett wasserbedeckte Bereiche besser zu beschreiben. Die Kriterien waren ein *Mean* – Wert (PRISM) über 41, insofern schon eine Klassifikation als „Wasser" bestand, und ein Wert von unter 54 desselben *Features*, falls das Objekt vorher als „Grasland" charakterisiert wurde.

Alle übriggebliebenen Objekte der Klasse „Vegetation" wurden nun der aus Gründen der Übersichtlichkeit erstellten Klasse „Wald" zugeordnet. Diese sollte als sogenannte Elternklasse (DEFINIENS AG 2007:204) zur späteren Unterteilung in die verschiedenen Dichteklassen dienen und wurde für relationale Abfragen im in Kapitel 5.6.2 beschriebenen Prozessalgorithmus benötigt.

Ein Überblick über das soweit klassifizierte Bild (Ausschnitt) ist in Abbildung 10 gegeben.

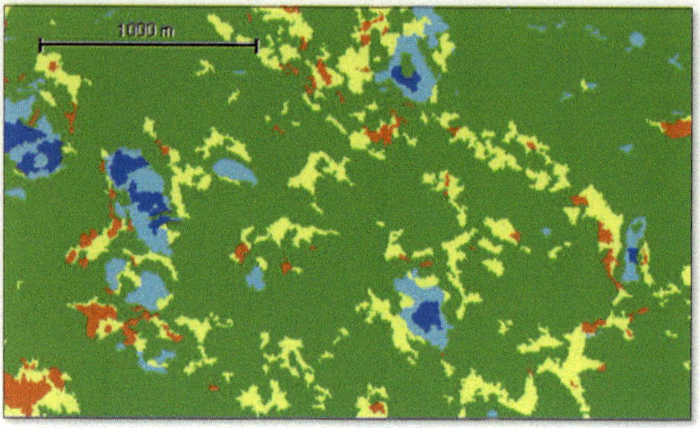


Abb. 10: Zwischenergebnis der Klassifikation auf Level 2 (grün: „Wald“; gelb: „Grasland“; hellblau: „Feuchtgebiet“; rot: „Unbewachsen“; dunkelblau: „Wasser“)

### 5.6.1.4 Eliminierung kleiner Flächen

Innerhalb der Klasse „Wald“ traten mehrere marginale, als „Grasland“ oder „Feuchtgebiet“ klassifizierte Objekte auf. Da der Wald nach logischen Gesichtspunkten jedoch als Ganzes betrachtet werden sollte, und diese kleinen Objekte größtenteils infolge spektraler Abweichungen im Wald - beispielsweise Baumschatten – fehlklassifiziert worden waren, sollten sie eliminiert werden. Bedingung sollte sein, dass die Gebiete vollständig von „Wald“ umschlossen waren und unter einer bestimmten Größe lagen. Die Fläche der zu entfernenden Objekte „Grasland“ sollte hierbei höchstens 1000 m² betragen, die der Objekte „Feuchtgebiet“ bei unter 1800 m² liegen. Die Eliminierung sollte über den Befehl *find enclosed by class* geschehen. Da dies trotz mehrerer Versuche und Überprüfung dazu führte, dass auch Objekte dieser Klassen, die nur zum Teil von Wald umgeben waren, verschwanden, musste ein alternativer Weg gegangen werden. Deshalb wurde eine Klasse *redundant* erstellt. Die Klassenbeschreibung enthielt das oben genannte Größenkriterium für die jeweilige Klasse und die Bedingung einer relativen Grenzlänge zwischen Objekt und Wald von 1. Dies führte zum gewünschten

Ergebnis. Im nächsten Schritt wurden die nun als *redundant* gruppierten Objekte als Wald klassifiziert. In Abbildung 11 wird das Vorgehen am Beispiel zweier Objekte der Klasse „Feuchtgebiet" visualisiert.

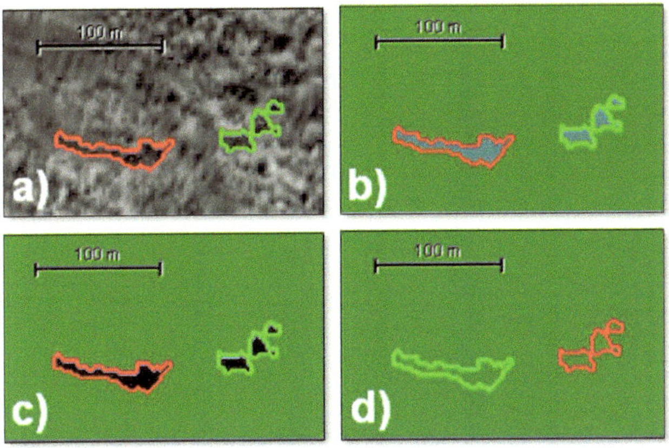


Abb. 11: Eliminierung kleiner, als „Feuchtgebiet" fehlklassifizierter Objekte, a) Ausschnitt aus der PRISM-Szene, b) Klassifikation als „Feuchtgebiet", c) Klassifikation als *redundant*, d) Zuordnung zur Klasse „Wald"

### 5.6.2 Klassifikation Level 1

Das feiner segmentierte Level 1 wurde als unterstützendes Level genutzt und enthielt keine komplette Klassifikation. Ziel war es viel mehr, das übergeordnete, heterogene System Wald in seinen Bestandteilen zu betrachten. Zu diesem Zweck sollten *class related features* verwendet werden, ein großer Vorteil der objektbasierten Klassifikationsstrategie. Mit deren Hilfe ist es möglich, unterschiedlichste Beziehungen der Objekte zu anderen Segmenten *„situated at any location in the image object hierarchy*" (DEFINIENS AG 2007:165) zu betrachten. Zur Klassifikation in Level 1 wurde eine Abfrage gegenüber als „Wald" klassifizierten Superobjekten gestartet.

Das ursprüngliche Ziel war, Baumschatten zu klassifizieren und quantifizieren, um so auf die Menge der Bäume schließen zu können und später die Walddichteklassen erstellen zu können. Die Beziehungen zwischen Bäumen und

Baumschatten sind Gegenstand zahlreicher Arbeiten (LECKIE et al. 2005:312; GREENBERG et al. 2005). Diese Methode führte jedoch nur zu einem unbefriedigenden Ergebnis (Abb. 12), der Ansatz soll dennoch kurz aufgeführt werden.

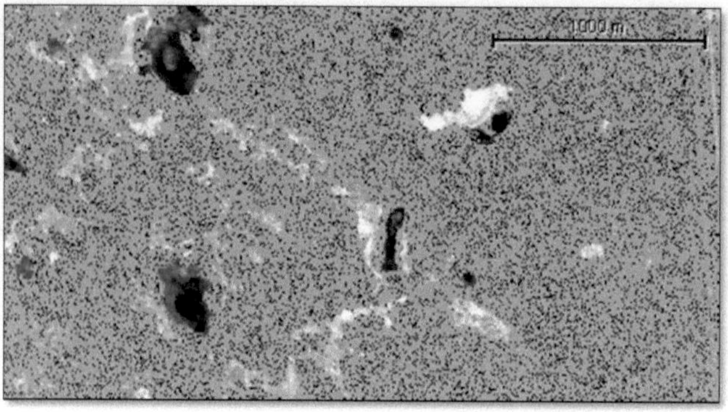


Abb. 12: Versuch der Schattendetektion auf Level 1 (schwarz: „Schatten"; gelb: „Nichtschatten")

Da die geometrische Auflösung selbst der PRISM-Daten nicht genügte, um die Kronen selbst zu detektieren, sollten die Schatten klassifiziert werden, die die Bäume auf andere Bäume und Waldboden werfen. Dies sollte unter der Annahme erfolgen, dass ein Schatten einen Baum darstellt. Zu erkennen waren die Schatten als kleine, gegenüber ihren Nachbarobjekten sehr dunkle Segmente. Mithilfe relationaler und Grauwert-Abfragen wurden die fein segmentierten Objekte, für die ein Superobjekt „Wald" bestand, nun als „Schatten" oder „Nichtschatten" klassifiziert. Hier zeigte sich jedoch schon, dass in den in Kapitel 5.1.3 erläuterten Bildstörungen ganze Schatten-*Cluster* auftraten. Über ein selbst erstelltes *Feature* wurde für die Objekte „Wald" in Level 2 nun berechnet, wie viele Subobjekte „Schatten", also Bäume, pro Hektar sich unter ihnen befanden. Dabei zeigte sich jedoch, dass die Anzahl der Schatten erstens nicht proportional mit der Walddichte stieg. Da die Dichteklassen aber rein nach Stämmen pro Hektar eingeteilt werden sollten, weil die FAO-Klassifikation über dieses Verfahren nicht möglich gewesen wäre, konnte auch kein AVNIR-Kanal zur besseren Quantifizierung beitragen. Zweitens – der Hauptgrund für den Abbruch dieser Herangehensweise – wurde die Anzahl der Bäume mit durchschnittlich 80 Stämmen/Hektar stark unterrepräsentiert, was der Vergleich mit anderen Arbeiten zeigte. So sprechen SUGIMOTO et al. (2002:494) von 836, KOBAYASHI et al. (2007:240) gar von 4262 Stämmen/Hektar. Beide Angaben beziehen sich auf Lärchenwälder nahe Jakutsk.

Aufgrund des nicht zufriedenstellenden Ergebnisses wurde ein alternativer Weg gegangen. Es wurde beschlossen, den Wald in Level 1 auf Bedeckung und Nicht-Bedeckung zu untersuchen. Dafür wurden die zwei Klassen *canopy* und *forest gap* gebildet. So sollte ermöglicht werden, eine prozentuale Bedeckung für jedes „Wald"-Objekt berechnen zu können und danach in die Dichteklassen einteilen zu können. Um der Klasse „Bedeckung" zugeordnet zu werden, mussten die Objekte in Level 1 ein übergeordnetes Objekt der Klasse „Wald" besitzen und einen *Mean* – Wert des PRISM-Kanal von über 67.5 aufweisen. Die restlichen Objekte, die unter diesem *Mean* – Wert lagen und die dunklere Waldbedeckung darstellten, wurden eben dieser Klasse zugeordnet, insofern sie ein Superobjekt „Wald" aufweisen konnten. Das Level 1 setzte sich nun folglich aus unklassifizierten Objekten, die in Level 2 als Grasland, Feuchtgebiet oder Wasser klassifiziert worden waren, und Objekten der beiden neu erstellten Klassen zusammen.

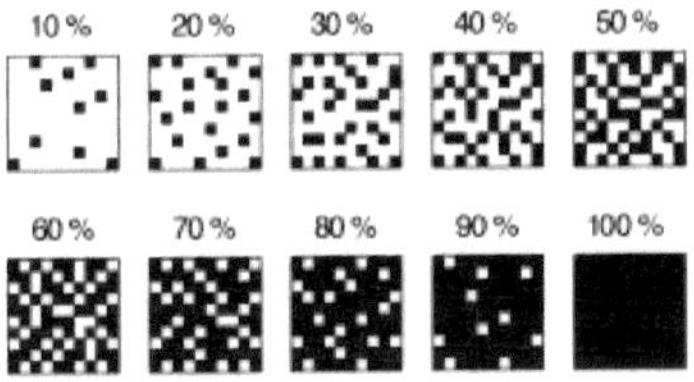


Abb. 13: Kronendichtediagramm (Quelle: ALBERTZ 2007:194)

### 5.6.3 Zweite Klassifikation Level 2

Nachdem die Unterteilung des Waldes im vorhergehenden Prozessierungsschritt geschah, konnte nun dessen Einteilung in die verschiedenen Dichteklassen erfolgen. Dafür wurde der Kronenschlussgrad in Prozent herangezogen. Dieser kann normalerweise „durch visuellen Vergleich des Bestandes mit der Skala geschätzt“ (ALBERTZ 2007:194) werden, wobei die Skala durch ein Kronendichtediagramm beschrieben wird (Abb. 13). Doch auch hier zeigte sich wieder der Vorteil der nutzbaren relationalen Beziehungen. Die Einteilung der Dichteklassen musste nicht auf visueller Auswertung basieren. Es wurde vielmehr für jedes Objekt „Wald“ untersucht, welchen Flächenanteil die Subobjekte „Bedeckung“ hatten. Nach der FAO-Klassifikation wurden die drei in Kapitel 5.5 genannten Dichteklassen und eine weitere Klasse *forest cover < 10 %* gebildet. Anschließend wurden die Klassendefinitionen erstellt. Genutzt wurde hierfür die relationale Abfrage *relative area of subobjects*, mit dem nun die relative Fläche der Klasse „Bedeckung“ errechnet wurde. Waren über 65 % eines Objektes „Wald“ von „Bedeckung“ unterlagert, wurde es der Dichteklasse „> 65 %“ zugeordnet. Die übrigen Objekte wurden auf dieselbe Art klassifiziert. Die Parameterwerte für das oben genannte *Feature* betrugen also „< 0.1“ für die Klasse *forest cover < 10 %*, „0.1-0.4“ für *forest cover 10-40 %*, „0.4-0.65“ für *forest cover 40-65 %* und „> 0.65“ für *forest cover > 65 %*. Da Wald jedoch definiert wird als „*land spanning more than 0.5 hectares with trees higher than 5 meters and a canopy cover of more than 10 percent*“ (FAO 2007:21), wurden die Objekte der Klasse *forest cover < 10 %* im abschließenden Klassifikationsalgorithmus der Klasse Grasland zugewiesen.

Die nun erhaltene Klassifikation stellte das Endergebnis dar, das über die sukzessive *Rule Set* - Erstellung erreicht wurde, die als iterativer Prozess aus kontinuierlichen Klassifikationsversuchen, Überprüfungen und Parameter-Neuanpassungen bestand. In Abbildung 14a ist die hierarchische Gliederung der Klassen in der *Inheritance* - Ansicht dargestellt. Sie verdeutlicht, wie die Klassen über ihre Merkmale miteinander verbunden sind. Klassen wie *vegetation L2* sind Elternklassen, die ihre Merkmale an die untergeordneten Klassen vererben. „Grasland“ beispielsweise ist dieser Klasse in der hierarchischen Ansicht jedoch nicht untergeordnet, da nicht nur vormals als „Vegetation“ klassifizierte Objekte als solches klassifiziert werden sollten, sondern auch unklassifizierte Bereiche. Die Pfeile in dieser Abbildung verdeutlichen nochmals visuell die Klassifikationsabfolge, die zur Einteilung der verschiedenen Walddichteklassen führte. Abbildung 14b zeigt die Klassenhierarchie in der *Groups* – Ansicht, die die semantische Gliederung der Klassen darstellt. Hier ist eine Einordnung der verschiedenen Walddichteklassen in die Elternklasse „Wald“ erkennbar, die wie „Grasland“ und „Feuchtgebiet“ wiederum der Oberklasse „Vegetation“ zugehörig ist.

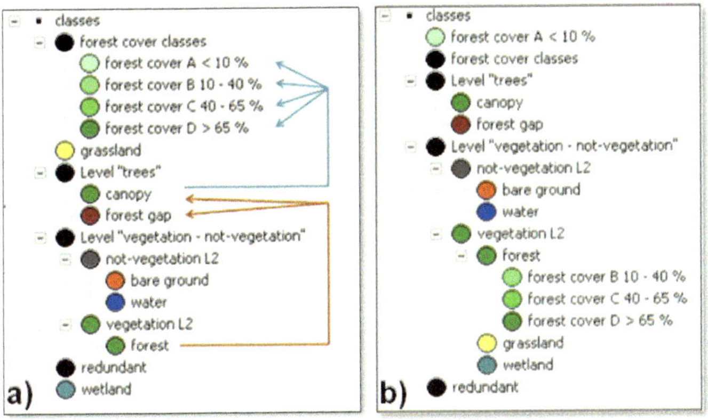


Abb. 15: Klassenhierarchie in *Inheritance* – Ansicht (a) und *Groups* - Ansicht (b)

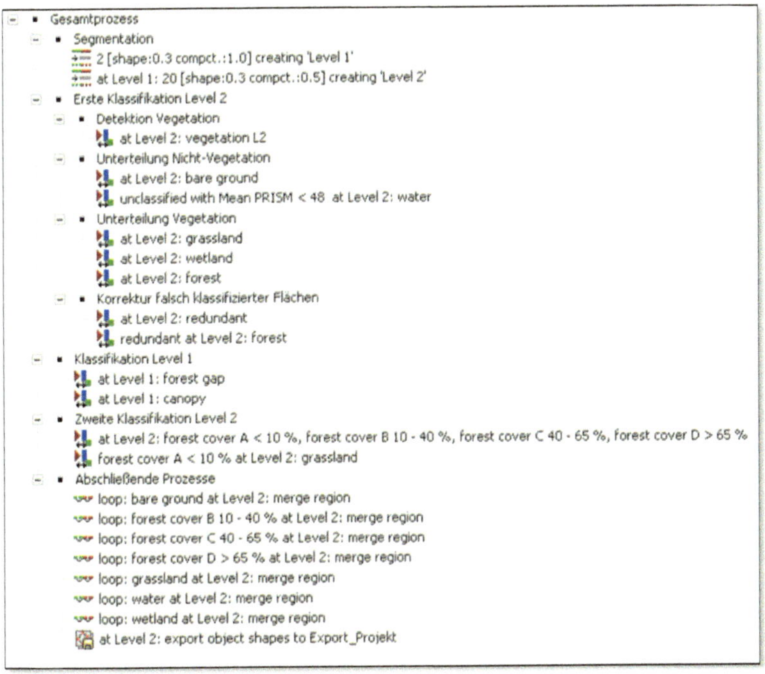


Abb. 14: Konzipiertes Regelwerk zur Klassifikation des Untersuchungsgebietes

### 5.6.4 Abschließende Prozesse

Den Schluss des Prozessbaumes stellten die Algorithmen *Merging* und Export dar. Das *Merging* beziehungsweise Zusammenfügen aller Objekte der jeweiligen auf Level 2 enthaltenen Klassen wurde aus Gründen der Datenreduktion durchgeführt. Das Ergebnis wurde samt ausgewählter Attribute (Klassenbezeichnung; Fläche der jeweiligen Klasse) als *Shapefile* exportiert.

Das komplette, konstruierte Regelwerk zur Vegetationsklassifikation ist zur besseren Nachvollziehbarkeit in Abbildung 15 dargestellt.

# 6 Ergebnisse und Diskussion

In Kapitel 6 sollen die Klassifikationsresultate beschrieben und ausgewertet werden. Zu Beginn wird die Auswertung der Genauigkeitsanalysen angegangen, nachfolgend das Ergebnis beschrieben, diskutiert und beurteilt. Abschließend soll aufgezeigt werden, welche Mittel zu einer Verbesserung der Ergebnisse führen könnten.

## 6.1 Genauigkeitsanalyse

Um die erstellte Klassifikation auf ihre Genauigkeit zu überprüfen und validieren zu können, wurde sie zwei Genauigkeitsanalysen unterzogen. Dies geschah zum einen im Programm *Definiens Developer* und zum anderen in *PCI Geomatica*. Der Grund für die Entscheidung, zwei Genauigkeitsanalysen zu machen, liegt in deren unterschiedlicher Ausführung in den zwei Programmen. Beide Vorgehensweisen haben jedoch ihre Nachteile, was nachfolgend aufgezeigt werden soll.

Tab. 2: Ergebnisse der in *Geomatica* durchgeführten Genauigkeitsanalyse (in %)

| | *Producer's Accuracy* | *User's Accuracy* | *Kappa Statistic* |
|---|---|---|---|
| Wasser | 100.0 | 100.0 | 1.0 |
| Unbewachsen | 75.0 | 100.0 | 1.0 |
| Grasland | 84.6 | 81.5 | 0.7886 |
| Feuchtgebiet | 46.7 | 100.0 | 1.0 |
| Wald > 65 % | 98.2 | 68.1 | 0.3239 |
| Wald 40 – 65 % | 10.4 | 55.6 | 0.4239 |
| Wald 10 – 40 % | 0.0 | 0.0 | -0.0194 |
| *Overall Accuracy* | | 70.5 | |
| *Overall Kappa Statistic* | | 0.481 | |

### 6.1.1 Ausführung in *PCI Geomatica*

Um die Genauigkeitsanalyse in *PCI Geomatica* machen zu können, wurde die fertige Klassifikation von Level 2 in dessen programminternen Dateiformat aus *Definiens Developer* exportiert. Es wurden insgesamt 210 sogenannte *Samples* zufällig über die PRISM-Szene, die als Referenzbild galt, verteilt, also 30 *Samples* pro Klasse. Um jedoch zu vermeiden, dass die flächenmäßig gering vertretenen Klassen ebenso viele *Samples* zugeteilt bekommen wie die stärker vertretenen, wurden die Testpunkte prozentual nach den Anteilen der Klassen verteilt. Das Ergebnis der Analyse fiel mit einer Gesamtgenauigkeit von 70.5 % akzeptabel aus. Der Kappa-Koeffizient, der den Grad der Übereinstimmung von klassifizierten und Referenzdaten beschreibt (CCRS 2005a:o.S.), zeigt mit 0.48 ein nur mittelmäßiges Ergebnis. In Tabelle 2 sind die mit dieser Genauigkeitsanalyse erreichten Hersteller- und Benutzergenauigkeiten (*Producer's Accuracy* und *User's Accuracy*) und der Kappa-Koeffizient der jeweiligen Klassen dargestellt. Die Herstellergenauigkeit ist ein Maß dafür, welcher Prozentsatz der Bildelemente einer entsprechenden Klasse korrekt zugeordnet wurde (CCRS 2005b:o.S:). Die Benutzergenauigkeit gibt an, mit welcher Wahrscheinlichkeit ein Bildobjekt einer Klasse diese Klasse auch in der Realität vertritt (CCRS 2005c:o.S.). Während Wasser in allen Kriterien ein Ergebnis von 100 % erreicht, errechnen sich für die Walddichteklasse „10-40 %" nur 0 % Genauigkeit. Hier zeigt sich der Nachteil der so durchgeführten Genauigkeitsanalyse, die einzelne Pixel als Trainingsgebiet verwendet. Wohingegen die Klassifikation auf Grundlage von Objekten basiert und damit auf der logischen Herangehensweise, beispielsweise grasbewachsene Flächen mit einem leichten Baumbestand als offenen Wald anzusehen, werden durch die pixelbasierte Überprüfung diese Elemente wieder einzeln betrachtet. Beurteilt man also ein einzelnes Testpixel als Grasland, kann es sein, dass es eigentlich der Klasse des offenen Waldes zugeordnet ist und so als fehlklassifiziert eingestuft wird. Desweiteren zeigte sich bei dieser Analyse, dass die *Samples* oft auf Randbereiche der Klassen gesetzt werden, was eine richtige Beurteilung ihrer Zugehörigkeit teilweise erschwert. Die höheren Genauigkeiten erreichten die Klassen, die eindeutig zu definieren und zu erkennen sind. Werden Testpixel auf eine solche Klasse gesetzt und man beurteilt sie dementsprechend richtig, erreichen sie eine Genauigkeit von 100 %. Grund ist, dass der mit dieser Art der Klassifikation umgangene „Salz- und Pfeffer" – Effekt garantiert, dass auch wirklich alle Pixel des abgebildeten Landschaftselementes dieser Klasse zugehören. Der Unterschied in den Herangehensweisen von Klassifikation und Genauigkeitsanalyse sollte bei einer derartigen Überprüfung des Ergebnisses also bedacht werden.

### 6.1.2 Ausführung in *Definiens Developer*

Die Genauigkeitsanalyse in diesem Programm basiert statt auf Testpixeln auf Testobjekten, was auch die geringere Anzahl dieser Testsegmente erklärt. Es wurde versucht, 10 % der Objektanzahl einer Klasse als Testgebiet zu wählen. Bei einer Objektanzahl der Klasse „Feuchtgebiet“ von 210 Objekten sollten für diese Klasse also 21 *Samples* gesetzt werden. Für die Dichteklasse „> 65“, die sehr zahlreich vertreten war, wurde dieser Anteil jedoch reduziert und für die spärlich vertretene Klasse „Wasser“ aus repräsentativen Gründen erhöht. In Abbildung 16 sind die auf das Gebiet verteilten Samples und in Tabelle 3 die Ergebnisse der Genauigkeitsanalyse dargestellt. Die Gesamtgenauigkeit beträgt hier 82 %. Der Kappa-Index, hier als KIA (*Overall Kappa index of agreement*) ausgedrückt, beträgt 0.78 und liegt damit wie auch die Gesamtgenauigkeit über dem Ergebnis aus *PCI Geomatica.* Die höchsten Genauigkeiten erzielten die Klassen „Wasser“, „Unbewachsen“ und „Feuchtgebiet“. Der Nachteil an der Genauigkeitsanalyse in diesem Programm ist, dass der Bearbeiter subjektiv herangeht und die *Samples* selbst setzt. Er kennt die Kriterien der Klassifizierung der Bildobjekte. So wird er auch nur klar erkennbare und demnach richtig klassifizierte Objekte wählen. Zu umgehen wäre dies, in dem ein objektiver Betrachter die *Samples* setzen würde, der nach eigenen Maßstäben urteilt.

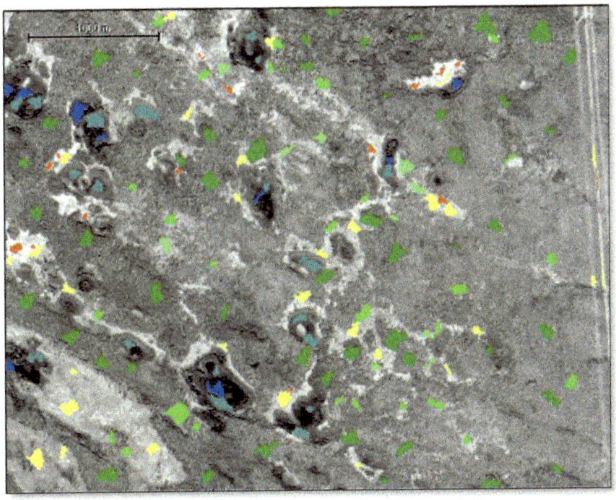

Abb. 16: *Samples* zur Genauigkeitsanalyse in *Definiens Developer*

Tab. 3: Ergebnisse der in *Definiens Developer* durchgeführten Genauigkeitsanalyse (in %)

| | *Producer's Accuracy* | *User's Accuracy* | *Kappa Statistic* |
|---|---|---|---|
| Wasser | 100.0 | 90.9 | 1.0 |
| Unbewachsen | 100.0 | 94.4 | 1.0 |
| Grasland | 93.3 | 82.4 | 0.9164 |
| Feuchtgebiet | 95.2 | 100.0 | 0.9459 |
| Wald > 65 % | 100.0 | 76.9 | 1.0 |
| Wald 40 – 65 % | 37.9 | 64.7 | 0.3094 |
| Wald 10 – 40 % | 18.2 | 66.7 | 0.1669 |
| *Overall Accuracy* | | 82.14 | |
| *Overall Kappa Statistic* | | 0.777 | |

## 6.2 Analyse des Ergebnisses

Das Ergebnis der auf Basis von Level 2 fertiggestellten Klassifikation ist in Form einer Karte in Abbildung 18 dargestellt. Schon durch visuelle Betrachtung lässt sich erkennen, dass das Untersuchungsgebiet überwiegend als Wald klassifiziert worden ist. Dieser wird zum größten Teil von der Dichteklasse „> 65 %" repräsentiert, die mit 12,42 km² 76 % der Fläche ausmacht. Weiterhin lassen sich zahlreiche als Grasland klassifizierte Bereiche erkennen. WEIN (1999:31) gibt an, dass solche Steppeninseln in Zentraljakutien bis zu 40 % der Fläche einnehmen. Selbst wenn man das von den Klassen „Feuchtgebiet" und „Unbewachsen" eingenommene Areal mitzählt, wird dieser Anteil im Untersuchungsgebiet bei weitem nicht erreicht. Dies könnte aus einer Überklassifikation des Waldgebietes resultieren. Beim Vergleich mit den Satellitendaten zeigt sich jedoch, dass der Grund hierfür eher in den regionalen Unterschieden der Flächenausdehnung liegt und diese auf ein größeres Gebiet bezogen betrachtet werden sollte. Die weiteren im Endergebnis vorhandenen Klassen „Wasser", „Feuchtgebiet" „Unbewachsen" sowie die zwei Walddichteklassen „10-40 %" und „40-65 %" sind flächenmäßig dementsprechend minder ausgeprägt. Dies lässt sich auch in Abbildung 17, in der die prozentualen Flächenanteile visualisiert werden, erkennen. Der dichte Wald zeigt sich als überwiegend zusammenhängende Fläche und wird durchsetzt von baumfreien Flächen, die aus in Kapitel 4.3 erwähnten Gründen grasbestanden oder unbewachsen sind. Infolge dessen sind Objekte der Klassen „Unbewachsen" und Grasland" oft benachbart. Die beiden weiteren Dichteklassen zeigen sich hauptsächlich als verbindende Bereiche zwischen den Wald- und unbewaldeten Bereichen und repräsentieren somit auch die Waldränder. Innerhalb des dichten

Waldes treten nur vereinzelt offenere Waldgebiete auf. Die als „Wasser“ klassifizierten Bereiche werden wie erwartet jeweils fast ausschließlich von der Klasse „Feuchtgebiet“ begrenzt, welche die *„aquatic vegetation in the marginal area of the central pond“* beschreibt (UEMURA et al. 1998:73), die sich beispielsweise aus Schilfrohr (*Phragmites*) zusammensetzt (VENZKE 1994:92f.). An diese Feuchtgebiete und die umschlossenen Seen grenzt mehrheitlich wieder Wald an. Aufgrund dieser gewissen Regelmäßigkeit sprechen UEMURA et al. (1998:71) hier auch von konzentrischen Mustern der Vegetation. Teilweise schließen sich an die Feuchtgebiete jedoch auch baumlose Flächen an, die bei einer eventuellen Ausbreitung des Sees – forciert durch die Thermokarstprozesse – auch von Wasser bedeckt werden würden. Aus der Tatsache, dass das System Permafrost ein solch dynamisches ist, wird ersichtlich, dass Klassifikationen wie die vorliegende immer nur einen Status quo der Landschaft dokumentieren können, der sich sogar saisonal ändern kann.

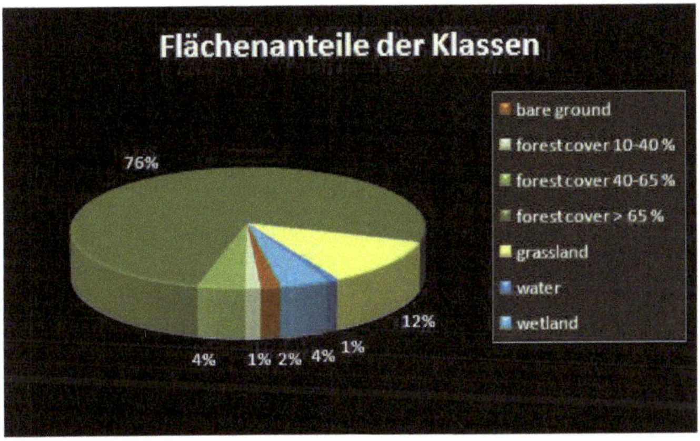


Abb. 17: Prozentuale Flächenanteile der im Endergebnis vertretenen Klassen (eigene Darstellung

Um auch aufzuzeigen, wie auf Level 1 klassifiziert wurde, ist dieses Klassifikationsergebnis in Abbildung 19 dargestellt. Die Klassen *canopy* und *forest gap* bestehen aufgrund der relativen Abfrage *existence of super*

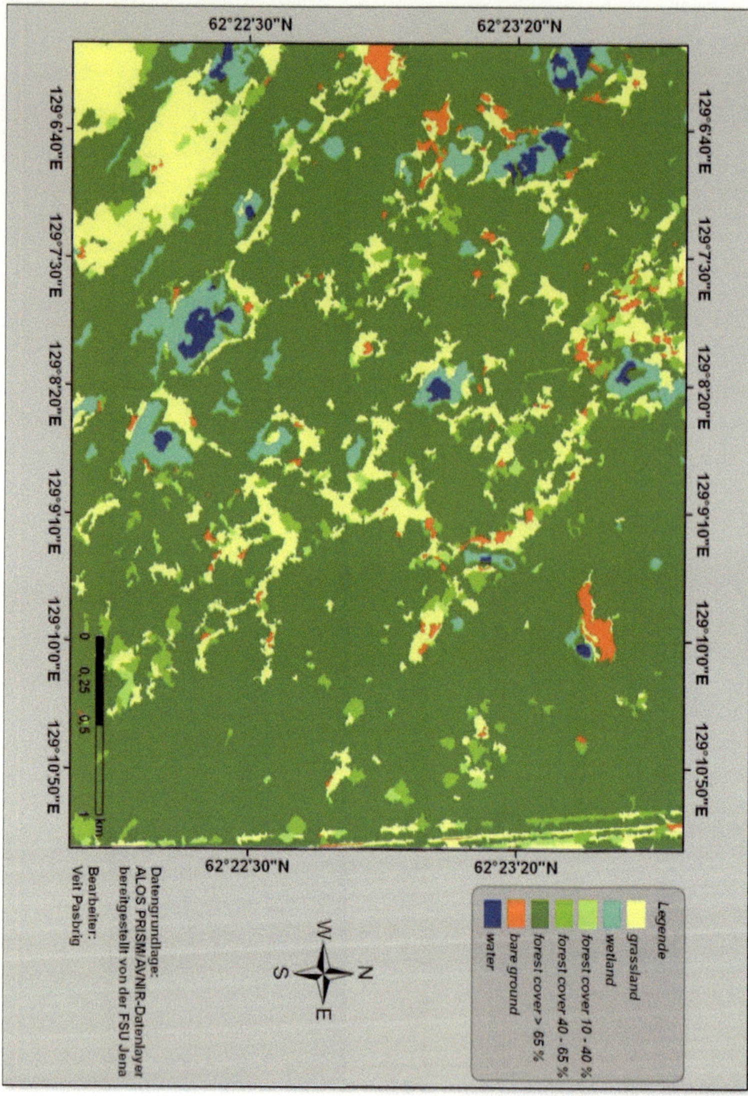


Abb. 18: Klassifikation Level 2

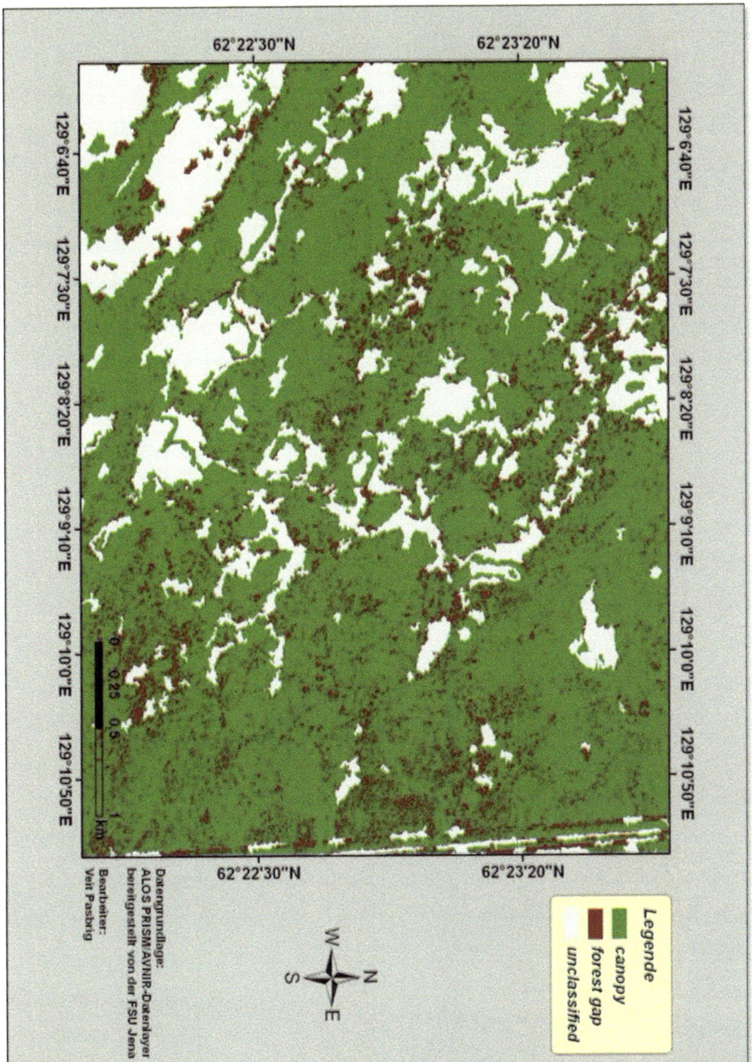


Abb. 19: Klassifikation Level 1

*objects* nur dort, wo im übergeordneten Level Wald klassifiziert wurde. Das Problem, das sich bei der Klassifikation auf diesem Level stellte, war, dass per visueller Betrachtung nur schwer festzustellen ist, ob Baumschatten auf andere Bäume geworfen werden oder auf den Waldboden. Da dieser zur Klassifikation über den helleren Grauwert extrahiert wurde, fielen von Schatten bedeckte Flächen somit heraus und in die Klasse *canopy*. Dies wiederum wirkte sich dementsprechend auch auf die Klassifikation der Walddichteklassen aus, für die aus diesem Grund eine Unterklassifikation angenommen werden kann. Verbesserungen könnte hier beispielsweise die Einbeziehung eines DEM als thematischer *Layer* bringen, mit dessen Hilfe der Waldboden eindeutiger von den umgebenden Bäumen zu trennen ist.

Beim Vergleich der Level 2 - Klassifikation mit dem Eingangsdatensatz zeigt sich insgesamt eine gute Nachbildung der heterogenen Landschaftsstruktur des Untersuchungsgebietes. Bei näherer Betrachtung der Elemente und Klassen fallen jedoch Fehlklassifikationen und Ungenauigkeiten auf. So zeigen sich innerhalb des Waldes immer noch Bereiche, die fälschlicherweise als „Feuchtgebiet" klassifiziert wurden. Grund hierfür sind geringere Grauwerte dieser Waldflächen, die beispielsweise dadurch hervorgerufen werden, dass diese Bäume an nördlich ausgerichteten Hängen wachsen und damit der Sonne abgewandt sind. Die auf diese Art fehlklassifizierten Bereiche wurden zwar, wie Kapitel 5.6.1.4 zeigt, eliminiert, jedoch nur bis zu einer bestimmten Größe, um die korrekt erkannten Feuchtgebiete nicht zu löschen. Weiterhin lassen die zwei Klassen, die den weniger dichten Wald beschreiben, eine ungenaue Klassifikation erkennen. Sie beschreiben teilweise fast baumlose Areale. Diese Bereiche wurden nicht als Grasland klassifiziert, weil sie die Kriterien hierfür knapp nicht erfüllten, und deshalb der Klasse „Wald" zugeteilt. Aufgrund ihres dennoch in Level 1 erkannten hohen Anteils an nicht baumbedeckter Fläche wurden sie letztlich in die „Klassen", die den lockeren Wald beschreiben, eingeteilt. Die Verteilung und Ausprägung dieser Walddichteklassen ist jedoch ohnehin abhängig von der Objektgröße und damit wiederum von der Segmentation. Fallen die Objekte zu groß aus und trennen den Wald nicht gut genug von baumlosen Gebieten, besitzen sie einen dementsprechend höheren Anteil an dieser Fläche und werden so als weniger dichter Wald klassifiziert. Eine gute Nachbildung erfuhren wie erwartet die unbewachsenen Flächen, die aufgrund ihrer starken Reflektanz im

PRISM-Kanal gut von den restlichen Flächen zu trennen waren. Teilweise gibt es jedoch auch hier Überlagerungen mit offensichtlich grasbewachsenen Flächen, was mit einer feineren Segmentierung zu vermeiden wäre. Diese hätte jedoch auch zur Folge, dass Flächen offenen Waldes eventuell nicht mehr als gesamtes Objekt gesehen, sondern zu sehr in ihre Bestandteile getrennt werden würden. Am rechten Bildrand lässt sich erkennen, dass die 3 Waldschneisen, in denen sich - soweit *Google Earth* das erkennen lässt – eine Straße oder Stromleitung befindet, durch mehrere Klassen wedergegeben werden. Da diese Schneisen grasbestanden sind und nur die mittlere einen sehr schmalen und nicht durchgängig erkennbaren unbewachsenen Streifen zeigt, sollten sie korrekterweise als „Grasland" klassifiziert worden sein. Dies trifft aber nur zum Teil zu, weitere Teilstücken wurden als offener oder dichter Wald rubriziert. Ansonsten ist eine gute Nachformung für die grasbestandenen Flächen zu verzeichnen, obgleich sie teilweise an manchen Stellen leicht überklassifiziert wurden. Dies zeigt sich zum Beispiel in der linken unteren Ecke des Bildes, in der auch Bereiche, die in *Google Earth* als lockerer Wald erkennbar sind, komplett als Grasland klassifiziert wurden. Weiterhin wurden manche Bereiche der erwähnten Bildstörungen übermäßig als „Grasland" klassifiziert. Die Wasserflächen, deren Größe und Form sich wie schon beschrieben in PRISM- und AVNIR-Daten kaum ähnelten, zeigen eine mäßige Nachbildung, da teilweise schwierig zu definieren ist, wo genau die Grenze zu ihren feuchten Randgebieten verläuft. Zeitlich synchrone Informationen aus dem infraroten Kanal würden hier Abhilfe schaffen können, wobei jedoch auch hier – wie im NIR-Layer der AVNIR-Aufnahme erkennbar ist – mit Mischpixeln aufgrund von wasserbedeckter Vegetation gerechnet werden müsste.

Die Klassifikation stellt insgesamt ein akzeptables Ergebnis dar, was auch die Resultate der Genauigkeitsanalysen bezeugen. Als vorteilhaft erwies sich, dass logisch an die Problemlösung herangegangen und diese Logik in *Definiens Developer* optimal umgesetzt werden kann, unter Zuhilfenahme der unterschiedlichen *features*. Ein qualitativ noch höheres Gesamtergebnis der Klassifikation könnte auf verschiedene Weise erreicht werden. Hierzu zählen eine weitere Optimierung der Parameterwerte oder die Verwendung noch höheraufgelöster, zeitlich übereinstimmender Satellitendaten, mithilfe deren die verschiedenen Landschaftselemente noch besser trenn- und auswertbar wären. Zur

Klassifikation in dieser Arbeit waren die PRISM-Daten den AVNIR-Daten überlegen, da die Einteilung der Walddichteklassen nach räumlich hochaufgelösten Daten verlangte, und wurden dementsprechend stärker genutzt. Stärkere Einbindung hätten die AVNIR-Daten bekommen, wenn nach verschiedenen Vegetationsarten unterschieden worden wäre und deren spektrale Eigenschaften bekannt gewesen wären. Zur Klassifikation der Vegetationstypen war jedoch die spektrale Auflösung der PRISM-Daten in Verbindung mit ihrer guten räumlichen ausreichend. Eine höhere spektrale Auflösung hätte dennoch zu besseren Ergebnissen führen können, wenn die Aufnahmedaten gleich gewesen wären, was in einem solch dynamischen System von großer Bedeutung ist. Hilfreich, um Klassifikationen dieser Art verbessern zu können, wäre weiterhin eine Verwendung zusätzlicher Informationen, beispielweise die synergetische Nutzung von Fernerkundungs- und GIS-Daten. Um die Vegetationstypen oder sogar –Arten von Beginn an genau bestimmen zu können und somit eventuelle Fehleinschätzungen zu vermeiden, wären aktuelle *in situ* – Daten oder großmaßstäbige Vegetationskarten förderlich.

# 7 Zusammenfassung

Infolge des globalen Klimawandels ist, ebenso wie andere natürliche Gefüge, auch das System Permafrost gewissen Änderungen unterlegen und teilweise in seiner Existenz, beziehungsweise Ausbreitung bedroht. Da der Permafrostboden mit vielen Naturkomponenten gekoppelt ist, hätte ein Rückgang unter anderem auch Folgen auf Struktur, Zustand und Zusammensetzung der typischen Vegetation dieser Zone.

Im Rahmen des DUE Permafrost Projektes der ESA wird untersucht, wie und in welcher Weise Methoden der Fernerkundung genutzt werden können, um das System Permafrost und seine Veränderungen zu beobachten. In diesem Kontext wurde sich in der vorliegenden Arbeit mit der Kartierung der Vegetation in einem von Permafrost unterlagerten Untersuchungsgebiet bei Jakutsk in Sibirien/Russland beschäftigt. Grundlage stellten hierbei hochaufgelöste AVNIR- und PRISM-Daten von 2008 dar. Zur Klassifikation des Testgebietes kam eine objektorientierte Strategie zum Einsatz, unter Verwendung des Programmes *Definiens Developer*. Nach einer logischen, iterativen Vorgehensweise wurde ein ausführlich dokumentierter Prozessbaum erstellt, um zum Endergebnis zu gelangen. Hierbei zeigten sich das verwendete Programm und somit der objektbasierte Klassifikationsansatz als zweckmäßige Werkzeuge. Gegliedert wurde in die Klassen „Grasland“, „Feuchtgebiet“, „Unbewachsen“, „Wasser“ und drei von der FAO definierte Walddichteklassen. Als Ergebnis wurde eine Klassifikation erzielt, die die Heterogenität des Untersuchungsgebietes hinsichtlich ihrer Landschaftselemente gut nachbildete, einzelne Objekte jedoch nicht immer optimal klassifizierte. Der größte Teil des Areals wurde als Wald klassifiziert, wobei dieser kaum wiederkehrende Muster zeigte. Erkennbar waren auch die für die Permafrostzone typischen, sogenannten Alasse und Thermokarstseen.

Die Nutzung von Fernerkundungsdaten besitzt je nach deren Qualität und Eigenschaften demzufolge großes Potential in der Observation der Komponenten des Gefüges Permafrost. Unerlässlich ist es jedoch, multitemporale Daten regelmäßig neu zu akquirieren, analysieren und auszuwerten, um dadurch erst eventuelle Veränderungen detektieren zu können. Sind diese erkannt, quantifiziert und beurteilt, ist ein wesentlicher Schritt dahingehend getan, negative Folgen des Wandels bekämpfen zu können.

# Literatur

ALBERTZ, J. (2007³): Einführung in die Fernerkundung. Grundlagen der Interpretation von Luft- und Satellitenbildern. Darmstadt: Wissenschaftliche Buchgesellschaft.

ANISIMOV, O.A. & F.E. NELSON (1997): Permafrost zonation and climate change in the northern hemisphere: results from transcient general circulation models. – Climatic Change, 35, 241-258.

BAATZ, M. & A. SCHÄPE (2000): Multiresolution segmentation – an optimization approach for high quality multi-scale image segmentation. In: STROBL, J, T. BLASCHKE & G. GRIESSEBENER (Hrsg.): Angewandte Geographische Informationsverarbeitung. - Beiträge zum AGIT-Symposium Salzburg: 12-23.

BAKALIN, V.A. & V.P. VETROVA (2008): Vegetation–Permafrost Relationships in the Zone of Sporadic Permafrost Distribution in the Kamchatka Peninsula. – Russian Journal Of Ecology 39, 5, 318-326.

BARTSCH, A., W. WAGNER, B. HEIM, J. BOIKE, C. DUGUAY, T. STROZZI, A. WIESMANN, M. HEROLD & S. HESE (2009): DUE Permafrost. PART A. Technical Proposal. Institut für Photogrammetrie und Fernerkundung (TU Wien): unveröffentlicht.

BENZ, U.C., P. HOFMANN, G. WILLHAUCK, I. LINGENFELDER & M. HEYNEN (2003): Multi-resolution, object-oriented fuzzy analysis of remote sensing data for GIS-ready information. - Journal of Photogrammetry & Remote Sensing 58, 239–258.

BOIKE, J., D.Y. BOLSHIYANOV & M.N. GRIGORIEV (2007a): Russian-German Cooperation SYSTEM LAPTEV SEA: The Expedition LENA 2006. Berichte zur Polar- und Meeresforschung 566. Bremerhaven: AWI (Alfred-Wegener-Institut).

BOIKE, J., T. SACHS & P.P. OVERDUIN (2007b): Arktische Dauerfrostböden und Küsten im Wandel: Versumpfung oder Versteppung? 15 Jahre Forschungsstelle Potsdam, Alfred-Wegener-Institut für Polar- und Meeresforschung, Helmholtzgemeinschaft, Forschungsstelle Potsdam (Hrsg.), 45-52.

BÖRNER, T., K. PAPATHANASSIOU, N. MARQUART, M. ZINK, P. MEADOWS, T. RYE, P. WRIGHT, B. ROSICH TELL & I. NAVAS TRAVER (2007): ALOS PALSAR products verification. Projektbericht „International Geoscience And Remote Sensing Symposium 2007“, Barcelona, Spain, 23-28 July 2007.

BROWN, J., O.J. FERRIANS Jr., J.A. HEGINBOTTOM & E.S. MELNIKOV (1998): Circum-Arctic map of permafrost and ground-ice conditions. Maßstab

1:10.000.000. Boulder, CO, USA: National Snow and Ice Data Center/World Data Center for Glaciology.

CCRS (Canada Centre for Remote Sensing) (2005a): Glossary of remote sensing terms. Term: Kappa Coefficient. <http://www.ccrs.nrcan.gc.ca/glossary/index_e.php?id=2967> (Stand: 2005-11-21) (Zugriff: 2009-09-20).

CCRS (Canada Centre for Remote Sensing) (2005b): Glossary of remote sensing terms. Term: Producer's Accuracy. <http://www.ccrs.nrcan.gc.ca/glossary/index_e.php?id=2980> (Stand: 2005-11-21) (Zugriff: 2009-09-20).

CCRS (Canada Centre for Remote Sensing) (2005c): Glossary of remote sensing terms. Term: Consumer's Accuracy. <http://www.ccrs.nrcan.gc.ca/glossary/index_e.php?id=2981> (Stand: 2005-11-21) (Zugriff: 2009-09-20).

CZAPLEWSKI, R.L. & P.L. PATTERSON (2003): Classification accuracy for stratification with remotely sensed data. - Forest Science 49, 3, 402-408.

CURRAN, P.J., G.M. FOODY, K.Y. KONDRATYEV, V.V. KOZODEROV & P.P. FEDCHENKO (1990): Remote sensing of soils and vegetation in the USSR. London: Taylor & Francis.

DEFINIENS AG (2007): Definiens Developer 7. User Guide. München: Definiens AG.

ELSAKOV, V.V. & V.M. SHANOV (2007): Ecosystem monitoring development in the European Russian tundra based on SAR/ERS data. Proc. 'Envisat Symposium 2007', Montreux, Switzerland, 23–27 April 2007 (ESA SP-636, July 2007) <http://envisat.esa.int/envisatsymposium/proceedings/posters/3P9/459977el.pdf> (Stand: 2007-09-07) (Zugriff: 2009-07-29).

ESA (*European Space Agency*) (2009a): About DUE. <http://dup.esrin.esa.it/about_due.asp> (Stand: 2009-07-30) (Zugriff: 2009-08-04).

ESA (*European Space Agency*) (2009b): Esa Data Products. ALOS PRISM. <http://earth.esa.int/object/index.cfm?fobjectid=1658> (Stand: 2009) (Zugriff: 2009-08-28).

ESA (*European Space Agency*) (2009c): Esa Data Products. ALOS AVNIR-2. < http://earth.esa.int/object/index.cfm?fobjectid=1656> (Stand: 2009) (Zugriff: 2009-08-28).

FAO (*Food and Agriculture Organization of the United Nations*) (2007): Global Forest Resources Assessment 2010. Options and Recommendations for a Global Remote Sensing Survey of Forests. <ftp://ftp.fao.org/docrep/fao/010/ai074e/ai074e00.pdf> (Stand: o.J.) (Zugriff: 2009-01-09).

GERLOFF, J.U. (1994): Nutzung und Gefährdung borealer Waldlandschaften Sibiriens. In: VENZKE, J.-F. (1994): Zur Ökologie und Gefährdung der borealen Landschaftszone. Paderborn: Verlag Ferdinand Schöningh, 59-78.

GREENBERG, J.A., S.Z. DOBROWSKI & S.L. USTIN (2005): Shadow allometry: Estimating tree structural parameters using hyperspatial image analysis. - Remote Sensing of Environment, 97, 15-25.

GROßE, G., D. WAGNER & L. SCHIRRMEISTER (2004): Fernerkundung in arktischen Periglaziallandschaften – Auf den Spuren der Permafrostdynamik. <www.awi.de/fileadmin/user_upload/News/Print_Products/PDF/54-57_Kap2_11.pdf> (Stand: 2005) (Zugriff: 2009-08-16).

GROßE, G. (2006): Jakutien. <http://www.sibirischer-sommer.de/jakutien_geographie.html> (Stand: 2006) (Zugriff: 2009-08-10).

HARALICK, R.M., K. SHANMUGAM & I. DINSTEIN (1973): Textural Features for Image Classification. – IEEE Transactions on Systems, Man and Cybernetics 3, 6, 610–621.

HESE, S. & C. SCHMULLIUS (2005): Forest Cover Change in Siberia – Results from the Siberia-II Project. Proceedings of the ISRSE (International Symposium on Remote Sensing of Environment), St. Petersburg, Russia.

HOFFMANN, A. (2000): Neue Ansätze zur Auswertung und Klassifizierung von sehr hochauflösenden Daten: Methoden der Segmentierung, der hierarchischen Klassifizierung und der per-Parcel-Methode mit Daten der Digitalen Kamera HRSC-A und ihre Anwendbarkeit für die Aktualisierung topographischer Karten. Dissertation. Berlin. <http://edoc.hu-berlin.de/docviews/abstract.php?id=10289> (Stand: 2009) (Zugriff: 2009-30-08).

HRABOWSKI, K. (1990): Jakutien. Fernes Land am Kältepol. Leipzig: F.A. Brockhaus.

IPCC (*Intergovernmental Panel on Climate Change*) (2001): Climate Change 2001: The Scientific Basis. Contribution of Working Group I to the Third Assessment Report of the Intergovernmental Panel on Climate Change. Cambridge, UK: Cambridge University Press.

IPF (Institut für Photogrammetrie und Fernerkundung (TU Wien)) (2009a): Welcome to the ESA DUE Permafrost – Website. <http://www.ipf.tuwien.ac.at/permafrost/> (Stand: 2009) (Zugriff: 2009-08-01).

IPF (Institut für Photogrammetrie und Fernerkundung (TU Wien)) (2009b): Project description. <http://www.ipf.tuwien.ac.at/permafrost/index.php/project-description> (Stand: 2009) (Zugriff: 2009-08-01).

IPF (Institut für Photogrammetrie und Fernerkundung (TU Wien)) (2009c): Users. <http://www.ipf.tuwien.ac.at/permafrost/index.php/users> (Stand:2009) (Zugriff: 2009-08-01).

JAXA (*Japan Aerospace Exploration Agency*) (o.J.a): PRISM. <http://www.eorc.jaxa.jp/ALOS/en/about/prism.htm> (Stand: o.J.) (Zugriff: 2009-08-28).

JAXA (*Japan Aerospace Exploration Agency*) (o.J.b): AVNIR-2. <http://www.eorc.jaxa.jp/ALOS/en/about/avnir2.htm> (Stand: o.J.) (Zugriff: 2009-08-28).

JÄHNE, B. (1989): Digitale Bildverarbeitung. Berlin: Springer Verlag.

KASISCHKE, E.S., S. GOETZ, M. HANSEN, S.L. USTIN, M. OZDOGAN, C.E. WOODCOCK & J. ROGAN (2004): Temperate and Boreal Forests. In: S.L. Ustin (2004): Remote Sensing for Natural Resources Management and Environmental Monitoring: Manual of Remote Sensing, Third Edition, Volume 4. Hoboken, NJ, USA: John Wiley.

KIRSCHKE, S., K.P. GUENTHER, K. WISSKIRCHEN, T. SACHS & S. DECH (2008): Methane Emission from Siberian Wet Polygonal Tundra on Multiple Spatial Scales: Process-Based Modeling of Methane Fluxes on the Regional Scale, Lena Delta. - Proceedings of the Ninth International Conference on Permafrost, 29 June – 3 July 2008, University of Alaska Fairbanks, USA, 1, 947-952.

KNORR, D. & C. SCHMULLIUS (2006): Räumliche Modellierung von Vegetationseinheiten für ein GIS-basiertes Landschaftsmodell zur Kohlenstoffbilanzierung in borealen Ökosystemen. In: STROBL, J., T. BLASCHKE & G. GRIESEBNER (HRSG.) (2006): Angewandte Geoinformatik 2006. - Beiträge zum 18. AGIT-Symposium Salzburg: 324 – 329.

KOBAYASHI, H., R. SUZUKI & S. KOBAYASHI (2007): Reflectance seasonality and its relation to the canopy leaf area index in an eastern Siberian larch forest: Multi-satellite data and radiative transfer analyses. – Remote Sensing Of Environment, 106, 238-252.

LECKIE, D.G., F.A. DOUGEON, S. TINIS, T. NELSON, C.N. BURNETT & D. PARADINE (2005): Automated tree recognition in old growth conifer stands with high resolution digital imagery. - Remote Sensing of Environment, 94, 311-326.

MAKAROV, V.N. & J.-F. VENZKE (2000): Umweltbelastung und Permafrost in Jakutsk (Sibirien). – Geographische Rundschau 52, 12, 21-26.

MALLINIS, G., N. KOUTSIAS, M. TSAKIRI-STRATI & M. KARTERIS (2008): Object-based classification using Quickbird imagery for delineating forest vegetation polygons in a Mediterranean test site. - Journal of Photogrammetry & Remote Sensing, 63, 237– 250.

MIRKIN, B.M., N.P. SLEPCOVA & K.E. KONONOV (1988): Segetal vegetation of central Yakutia. - Folia Geobotanica et Phytotaxonomica 23, 1, 113-143.

NELSON, F.E. (2003): (Un)frozen in time. – Science, 299, 1673-1675.

NSIDC (*National Snow and Ice Data Center*) (o.J.): Glaciers and permafrost file for Google Earth. <http://nsidc.org/data/virtual_globes/> (Stand: o.J.) (Zugriff: 2009-08-19).

ORUC, M., A.M. MARANGOZ & G. BUYUKSALIH (2004): Comparison of pixel-based and object-oriented classification approaches using Landsat-7 ETM spectral bands. Proceedings of Commission IV of the XXth ISPRS Congress, Istanbul, Turkey, 12-23 July 2004.

POPP, S. (2007): Late Quaternary environment of Central Yakutia (NE Siberia): Signals in frozen ground and terrestrial sediments. Berichte zur Polar- und Meeresforschung 554. Bremerhaven: AWI (Alfred-Wegener-Institut).

RÜTZ, F.-J. (1994): Sibirische Impressionen (eine Reise quer durch Rußland). Düsseldorf: Walter Rau Verlag.

SABINS, F.F. (1997[3]): Remote Sensing. Principles and Interpretation. New York: W.H. Freeman and Company.

SCHMULLIUS, C. & W. WAGNER (2000): SIBERIA – Kartierung borealer Wälder mit Radarfernerkundung. – Geographische Rundschau 52, 12, 44-48.

SCHNEIDER, J., G. GROSSE & D. WAGNER (2009): Land cover classification of tundra environments in the Arctic Lena Delta based on Landsat 7 ETM+ data and its application for upscaling of methane emissions. – Remote Sensing Of Environment, 113, 380-391.

SCHNEIDER, M., M. LEHNER, R. MÜLLER & P. REINARTZ (2008): Stereo Evaluation of ALOS/PRISM Data on ESA-AO Test Sites – First DLR Results. Projektbericht „ALOS 2008 Symposium", Rhodes, Greece, 3-7 November 2008.

SCINEXX (2006): Permafrost heizt Klima ein. Sibirische Schmelzwasserseen setzen mehr Methan frei als angenommen. – SCINEXX, Das Wissensmagazin, <http://www.scinexx.de/wissen-aktuell-5308-2006-09-07.html> (Stand: 2009) (Zugriff: 2009-08-17).

SMITH, L.C., Y. SHENG, G.M. MACDONALD, L.D. HINZMAN (2005): Disappearing Arctic Lakes. – Science, 308, 1429.

STOW, D.A., A. HOPE, D. MCGUIRE, D. VERBYLA, J. GAMON, F. HUEMMRICH, S. HOUSTON, C. RACINE, M. STURM, K. TAPE, L. HINZMANN, K. YOSHIKAWA, C. TWEEDIE, B. NOYLE, C. SILAPASWAN, D. DOUGLAS, B. GRIFFITH, G. JIA, H. EPSTEIN, D. WALKER, S. DAESCHNER, A. PETERSEN, L. ZHOU & R. MYNENI (2004): Remote Sensing of vegetation and land-cover change in Arctic Tundra Ecosystems. – Remote Sensing Of Environment, 89, 281-308.

SUGIMOTO, A, N. YANAGISAWA, D. NAITO, N. FUJITA & T.C. MAXIMOV (2002): Importance of permafrost as a source of water for plants in east Siberian taiga. – Ecological Research, 17, 493 – 503.

TOMOWSKI, D., M. EHLERS, U. MICHEL & G. BOHMANN (2006): Objektorientierte Klassifikation von Siedlungsflächen durch multisensorale Fernerkundungsdaten. - *Gi-reports@igf, Band 3*, Universität Osnabrück,

<http://elib.ub.uni-osnabrueck.de/publications/ELibD131_gi-reports_igf3.pdf> (Stand: 2006) (Zugriff: 2009-08-20).

TUTUBALINA, O.V. & W.G. REES (2001): Vegetation degradation in a permafrost region as seen from space: Noril'sk (1961-1999). – Cold Regions Science And Technology, 32, 191-203.

UBA (Umweltbundesamt) (2006): Klimagefahr durch tauenden Permafrost? UBA- Hintergrundpapier, August 2006. Dessau.

UEMURA, S., F. KANDA, T. TSUJII & A.P. ISAEV (1998): Concentric pattern and asymmetry in the vegetation of alas, eastern Siberia. - Journal of Phytogeography and Taxonomy, 46, 71-76.

VENZKE, J.-F. (1994): Aspekte der Geoökologie semiarid-borealer Landschaften in Zentral-Jakutien, Sibirien. In: VENZKE, J.-F. (1994): Zur Ökologie und Gefährdung der borealen Landschaftszone. Paderborn: Verlag Ferdinand Schöningh, 79-98.

WEIN, N. (1999): Sibirien: 86 Tabellen. Gotha: Justus Perthes Verlag.

WERLEN, BG. (2006): 4. Politik und Territorium. Humangeographie A. Modul 121. Vorlesung, Friedrich-Schiller-Universität (2006-12-05 12.15). Jena: Institut für Geographie.

WHITESIDE, T. & W. AHMAD (2005): A comparison of object-oriented and pixel-based classification methods for mapping land cover in northern Australia. - Proceedings of SSC2005 Spatial intelligence, innovation and praxis: The national biennial Conference of the Spatial Sciences Institute, Melbourne, Australia, September 2005, 1225-1231.

YU, Q., P. GONG, N. CLINTON, G. BIGING, M. KELLY & D. SCHIROKAUER (2006): Object-based Detailed Vegetation Classification with Airborne High Spatial Resolution Remote Sensing Imagery. - Photogrammetric Engineering & Remote Sensing 72, 7, 799–811.